互联网+

电力营销服务 产品孵化
Product incubation

国网浙江省电力有限公司　编著

中国电力出版社

CHINA ELECTRIC POWER PRESS

内 容 提 要

本书结合目前"互联网＋"时代的新常态及供电企业在互联网产品孵化过程中存在的普遍问题，分析总结了国网浙江省电力有限公司在"互联网＋"电力营销互联网产品孵化方面的创新与实践。全书分为七章，第一章综述对互联网产品进行了解析，介绍了互联网＋产品的孵化过程和产品经理应具备的基本素养及实力；第二～六章按照产品从无到有的实现过程，详细介绍了产品立项、产品设计、产品开发流程及方法、产品测试、产品上线等环节的概念、方法和案例；第七章介绍产品的用户体验，给出了用户体验的评价指标和全周期测评方法。

本书可供供电企业及相关行业互联网产品设计、开发人员和社会培训班学员等阅读学习。

图书在版编目（CIP）数据

互联网＋电力营销服务产品孵化/国网浙江省电力有限公司编著. —北京：中国电力出版社，2022.6
ISBN 978-7-5198-6784-3

Ⅰ.①互… Ⅱ.①国… Ⅲ.①互联网络－应用－电力工业－工业企业管理－营销管理－浙江
Ⅳ.① F426.61-39

中国版本图书馆 CIP 数据核字（2022）第 084161 号

出版发行：中国电力出版社
地　　址：北京市东城区北京站西街 19 号（邮政编码 100005）
网　　址：http://www.cepp.sgcc.com.cn
责任编辑：穆智勇（010-63412336）
责任校对：黄　蓓　郝军燕
装帧设计：张俊霞
责任印制：石　雷

印　　刷：北京九天鸿程印刷有限责任公司
版　　次：2022 年 6 月第一版
印　　次：2022 年 6 月北京第一次印刷
开　　本：787 毫米×1092 毫米　16 开本
印　　张：12
字　　数：223 千字
印　　数：0001—1000 册
定　　价：68.00 元

前　言

习近平总书记在十九大报告中指出："中国特色社会主义进入了新时代，要推动互联网、大数据、人工智能和实体经济深度融合，在中高端消费、创新引领、绿色低碳、共享经济、现代供应链、人力资本服务等领域培育新增长点、形成新动能。"可见，互联网与实体经济的深度融合是未来经济发展的重点，它将促使传统行业产生 1+1>2 的经济倍增效应。电力行业作为国民经济的支柱行业，在互联网浪潮中也面临着改革和转型，必须与互联网深度融合，碰撞出新的火花。

本书针对电网企业内从事互联网创新的电力营销工作人员，从入门到进阶，介绍互联网产品孵化的整体流程和具体方法，促进各部门的协同作业，提高产品效率，具有实用价值。同时，对于有一定工作经验和实践基础的员工，介绍更高阶的思维方法，挖掘生动实用的实际案例，帮助人员树立"产品"思维，学会从全局、市场、用户等角度进行"互联网＋电力营销"产品的创新架构方法，以求更专业、更高效的开展"互联网＋营销"工作。

全书根据互联网产品开发流程，层层深化，从产品的基础知识，产品开发的定位和基本概念，互联网＋营销产品的独特特性；到产品开发的流程和方法，各个阶段如何专业、高效地开展工作；再到思维模式的建立，从不同角度讲述产品开发的过程和经验，帮助读者了解产品开发全过程，获得生动的案例学习。同时，为了树立"产品"思维方法，本书着重从"孵化"的角度，介绍互联网＋时代营销产品设计创新的新观念、新维度，为员工实践产品创新提供新的思路和方向。

希望本书成为读者朋友们掌握"互联网＋营销服务"产品孵化理论和实践的一块奠基石，能开拓读者的创意设计思维。同时，本书若能对互联网＋时代企业战略设计有所帮助，那将是编者的荣幸。由于编写时间仓促，加之本书专业性较强，书中难免有疏漏与不足之处，恳请读者批评指正。

编者
2022 年 6 月

目　录

第一章 综 述

本章主要介绍产品从创新创意的想法到实际开发落地之间所要经历的转化过程；讲解产品孵化各阶段系统能力发掘的基础知识，以及在产品孵化的过程中一名优秀的产品经理应该具备的基本素质。

第一节 产品解析

本节通过对广义产品的定义和分析，帮助读者形成初步的产品认识；通过介绍互联网产品与广义产品之间的关联关系，了解互联网产品与传统产品的不同；结合电信、金融等公共服务行业的"互联网 +"发展历程，探索电力营销互联网产品的融合路径。

一、互联网产品

产品是指能够供给市场，被人们使用和消费，并能满足人们某种需求的任何东西，包括有形的物品、无形的服务、组织、观念或它们的组合。产品是"一组将输入转化为输出的相互关联或相互作用的活动"的结果，即"过程"的结果。在经济领域中，通常也可理解为组织制造的任何制品或制品的组合。在现代汉语词典当中的解释为"生产出来的物品"。简单来说是"为了满足市场需要，而创建的用于运营的功能及服务"就是产品。

产品一般可以分为五个层次，即核心产品、基本产品、期望产品、附件产品、潜在产品。核心产品是指整体产品提供给购买者的直接利益和效用；基本产品即是核心产品的宏观化；期望产品是指顾客在购买产品时，一般会期望得到的一组特性或条件；附件产品是指超过顾客期望的产品；潜在产品指产品或开发物在未来可能产生的改进和变革。

互联网产品的概念是从传统意义上的产品延伸而来的，是在互联网领域中产出而用于经营的商品，它是满足互联网用户需求和欲望的无形载体。简单来说，互联网产品就是基于互联网技术上用于满足用户特定需求的功能与服务集成。

互联网产品与传统产品的不同在于，传统产品注重的是供给能力建设，而互联网产品是以满足客户需求为导向，从消费者出发，重新发掘消费者习惯，以此重组人、财、物、技术等核心资源，如图 1-1 所示。以互联网 + 零售业为例，电商平台较传统零售业的优势体现在：①通过公开的扁平化的网络将层层分销的渠道链条予以裁剪，大幅缩短了销售环节，建立了需求者与生产者直接交易的平台；②利用信息技术建立了敏捷的客户体验反馈机制，指导生产者快速改进产品。

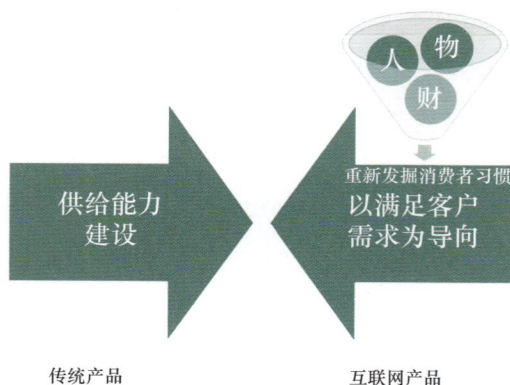

图 1-1　互联网产品与传统产品的不同

二、电力营销互联网产品融合路径

前面提到互联网产品的本质是利用数字化、信息化手段满足用户特定需求的功能与服务集成。然而电网行业在经历了几十年的演进发展后，已形成庞大的组织与技术体系，其组织分工和技术路线的确定是受到物理定律约束的，如图 1-2 所示。要完成一次产品开发和规模化应用，其迭代的成本、周期要远远大于数字化产品。"小步快跑试错迭代"的互联网思维可以借鉴，但不能将互联网产品的迭代周期和

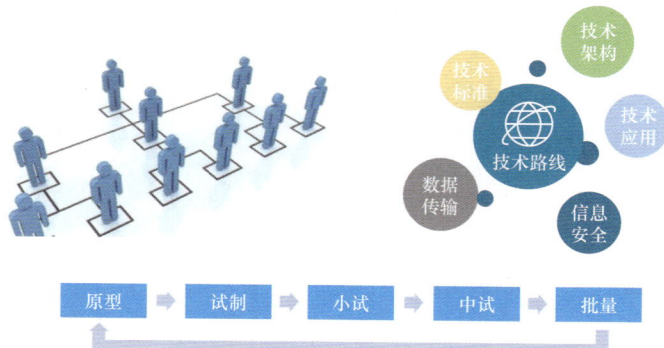

图 1-2　传统企业互联网产品发展组织分工和技术路线的确定

实体产品的迭代周期同日而语。

结合电信、金融等公共服务行业的"互联网+"发展历程，电力营销互联网产品的融合路径大致可以分为由简到难四个阶段。

第一阶段是渠道互联网化。如图 1-3 所示，将咨询、缴费、账单等简单、量大的业务迁移到线上，既方便客户，又降低人工服务成本。这个阶段的特征是单向信息读取，业务信息量大，但实现技术含量较低，因此该阶段的工作以构建产品的系统基础能力为主，如渠道产品初代的外观设计、功能跳转间隔时长控制、多用户访问能力承载、客户行为信息埋点记录等。

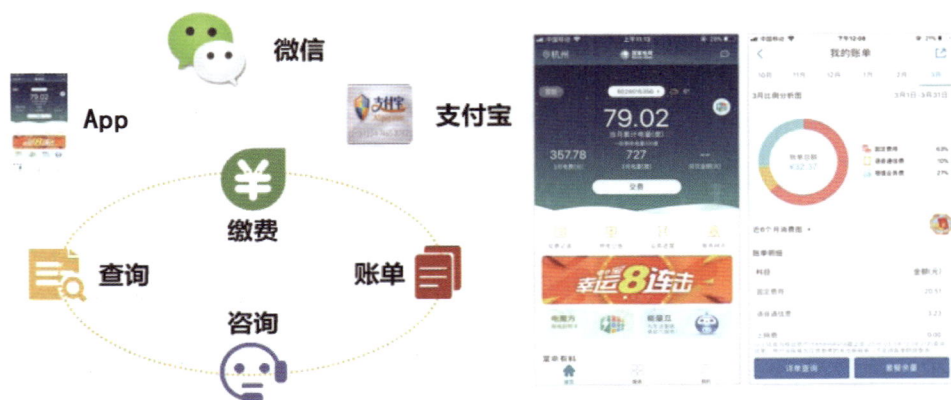

图 1-3　渠道互联网化

第二阶段是服务互联网化。如图 1-4 所示，通过互联网开展更多复杂业务受理，并将业务进展向客户主动公开，支持用户与服务人员在线互动。该阶段的特征

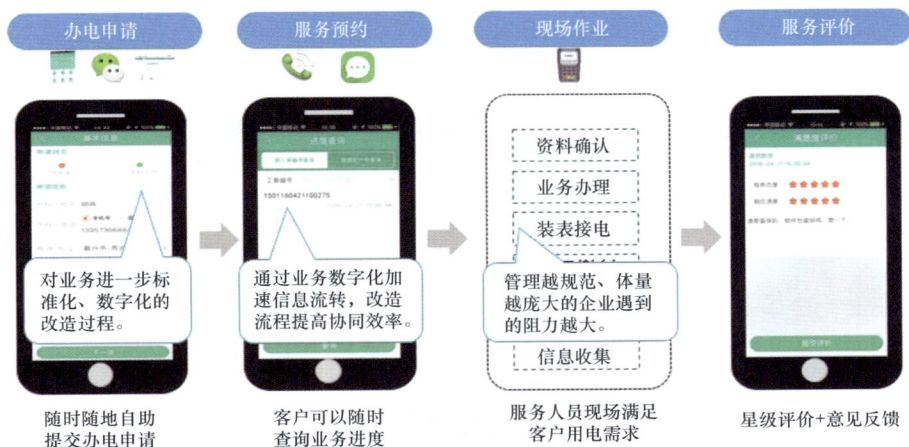

图 1-4　服务互联网化

3

是双向信息交互，客户能够通过线上自助发起业务请求并完成服务反馈闭环。针对这一特征，需要建立线上线下统一的服务标准，原有柜台受理过程中申请表单填写、身份认证、证明材料提交、签名、交费等复杂的人工操作必须简化，并实现结构化录入。在这个阶段中，要求业务部门间的协调更快，信息化的支撑程度更强。同时，为了减少新老两种业务模式并行带来的冲击，可在大范围推广前先小范围、多路径、比较式地进行试错运行、评估改进。

第三阶段是产品互联网化。如图1-5所示，在经过大量业务沉淀后，将用户需求大、易标准化的服务整合成可以独立交付的互联网产品，例如智能套餐推荐；也可以利用自身客户渠道优势，整合外部资源，设计更多的增值产品，例如电费理财；还可以与线下服务结合打包成服务包向用户推荐，例如金牌会员等。该阶段的特征是数据挖掘和跨界合作，建立数据分析评价体系，挖掘数据价值，开展跨行业跨领域的合作探索。值得注意的是：在企业尚未建立以客户为中心的组织架构和激励机制的情况下，产品互联网化很难再进一步向更高阶段演进。

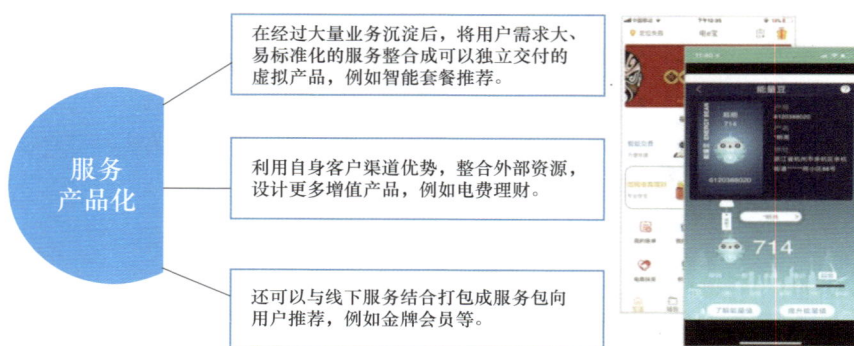

图1-5　产品互联网化

第四阶段是服务定制化。如图1-6所示，经过企业资源重组和客户价值发现，

图1-6　服务定制化

针对不同客户群体开展专属定制化服务，例如私人银行。这个阶段的特征是互联网已不再是推进企业数字化转型的手段，而回归成为一个营销和服务的工具。在这个阶段需要公司高层领导来推动企业的资源重组和跨部门协作。

电网企业在实施互联网产品融合路径时，可以根据自身的行业特点，同时考虑企业的经营理念、商业模式、信息化基础、人才储备、地域文化等相关因素，在四个阶段之间自由转换，跨越某个阶段，或者两个阶段同步发展也是存在的。

第二节　互联网＋产品孵化过程

产品生命周期是产品的市场寿命，即一种新产品从开始进入市场到被市场淘汰的整个过程。具体来讲，这个过程其实就是经历了从开发、引进、成长、成熟一直到衰退的阶段。对于企业来说，就是要想办法提高开发和引进阶段的效率，加速成长的步伐，延长成熟以及成功的周期，减缓衰退的进程。互联网产品也存在同样的生命周期，为了区别于一般产品的生命周期，这里把互联网产品的生命周期分为启动、成长、成熟、衰落四个阶段，如图 1-7 所示。

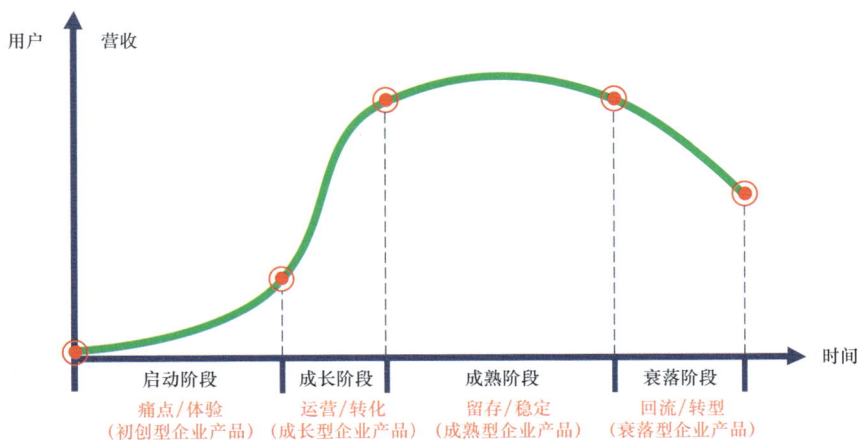

图 1-7　互联网产品的生命周期

本书主要介绍在启动阶段，产品是如何从一个创意想法变成一个实际能够看到的可操作实物的实现过程，即产品的孵化过程。一个产品的启动孵化过程需要经历规划和研发两个阶段，分为立项（规划）、设计、研发、测试、上线、体验六个步骤。产品孵化核心流程如图 1-8 所示。

	战略规划组	产品研发组	数据运营组
	开始		
储备阶段	1.入孵管理 产品孵化需求汇总表		
规划阶段	商业需求评审	2.产品规划 商业需求文档（BRD） 产品建设方案	
研发阶段		3.产品设计 产品需求文档（PRD） 原型设计 数模设计 接口设计 开发测试计划	数据分析功能设计
		4.产品开发 → 5.产品测试 产品测试方案 产品部署方案 功能测试报告 压力测试报告 安全测评报告	
		6.产品上线 产品上线方案 产品介绍材料 上线评估报告 → 7.产品体验 种子用户体验报告 产品初期运营指导意见	
运营阶段		8.产品初期运营 产品评价报告 应用分析报告	
评估阶段	9.产品评估 产品工作评估报告 产品成果汇总表	产品工作评估	
	结束		

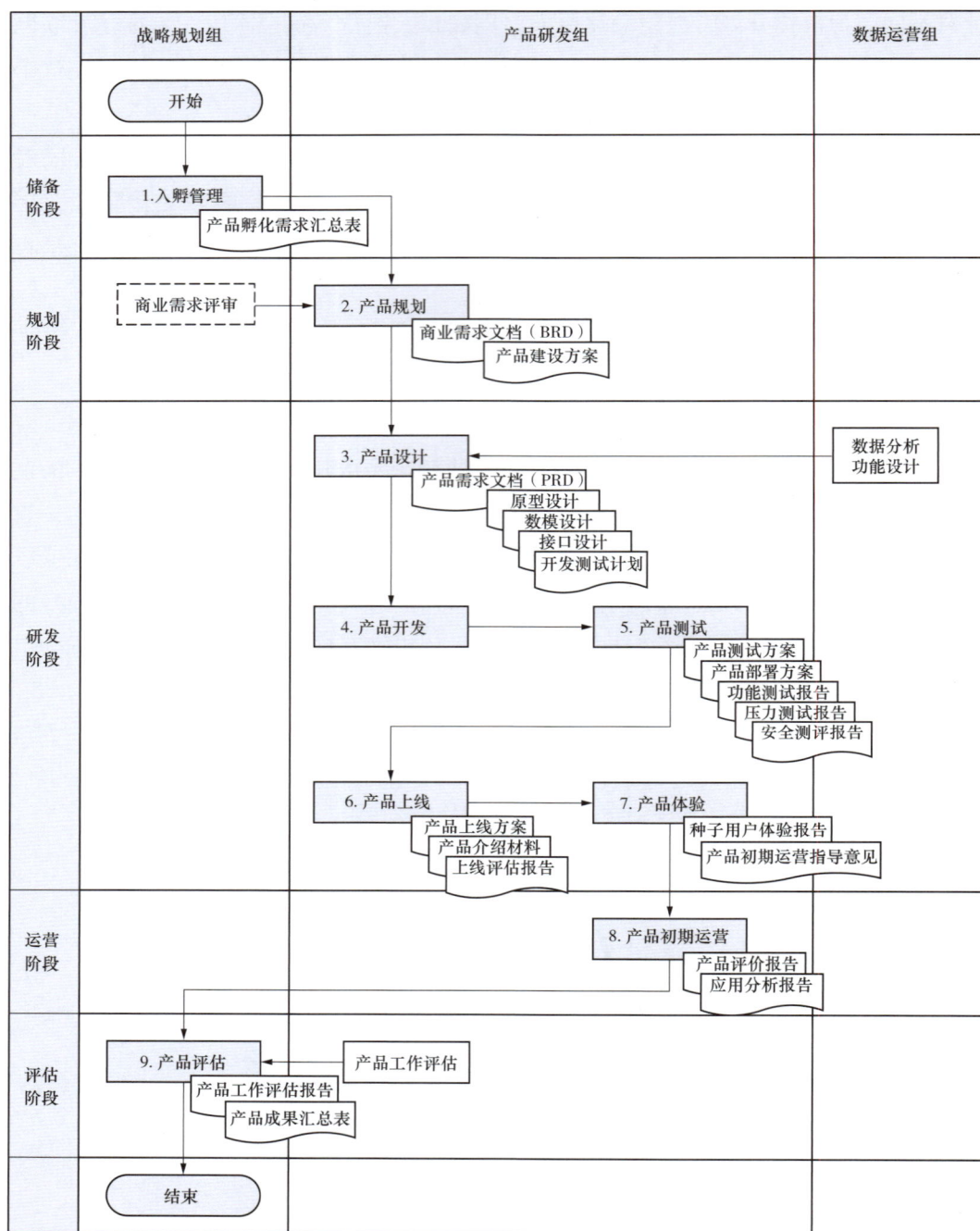

图 1-8　产品孵化核心流程

一、产品立项（规划）

在做一个产品之前，通常要分析这个产品该做还是不该做？该怎么做？这一过程称为产品立项（规划）。在企业内部，产品经理通常是在有了最初想法后去做分析，然后输出商业计划书，向决策层索要资源。

（一）产品立项阶段具体任务

1. 用户研究

分析用户都有什么类型，不同用户的需求是什么，痛点在哪里。

2. 市场研究

分析是否有市场前景；竞品都有哪些；与竞品相比，自己的产品是否有胜算；该如何竞争。

（二）产品立项阶段主要产出

1. 用户分析报告

分析用户画像、用户需求，分析过程是必有的，但报告不是必须要有的。

2. 市场分析报告

分析市场大盘，竞品动向，分析过程是必有的，但报告不是必须要有的。

3. 项目建议书

设计可实现功能的业务和技术架构，并明确后续产品设计、开发阶段的人员与计划安排而形成的建议方案。

4. 项目实施可研报告

申报项目需求，并组织项目内部初审，开展《设计项目实施可研报告》等资料编制并参加项目可研评审会议。

二、产品设计

明确产品方案后，距离真正实现还很远，需要通过产品设计，将产品经理的想法传递给各个部门。

（一）产品设计阶段具体任务

1. 交互设计

把产品界面、流程图设计好。

2. 文档组织

把产品的方案、交互设计稿以书面形式用文字呈现，开发、测试等人员可以根据文档来进行技术实现。

（二）产品设计阶段的产出

1. 服务场景说明书

进行详尽的服务蓝图、业务流程设计。

2. 产品设计说明书

进行详尽的产品页面交互、数据字段设计。

3. 视觉与交互设计说明书

输出视觉与交互设计说明书、示例（行业内一般称 demo）、高保真图。

4. 数据分析功能设计

根据原型设计和未来产品数据分析需要，加入数据分析功能设计，输出数据分析功能设计，由开发厂商进行技术开发。

5. 开发测试计划

明确后续产品开发、测试阶段的具体工作计划安排。

三、产品开发

已经有了产品方案（交互设计稿和需求文档），开发人员可以开始着手来实现产品，这时候产品经理还需要跟进，保证产品质量和项目进度。

（一）产品开发阶段具体任务

1. 方案讲解

给技术、测试人员讲解产品方案，保证方案明确传递给实现团队，如果讨论中有调整，需要同步修改需求文档。

2. 实现跟进

在项目实现过程中，可能出现方案变更、人力变化等情况，产品经理应参与解决问题，并定期输出项目实现进度周报。

3. 项目管理

根据项目目标，确保整个团队按时完成任务。

（二）产品开发阶段的产出

1. 更新的需求文档

在讲解及实现过程中文档可能会有调整，要及时更新、周知团队并归档。

2. 项目周报

包括整体的项目完成情况、风险预警，并周知团队相关人员。

四、产品测试

产品孵化的每个步骤都有验收标准，所以每个阶段都需要测试。产品测试的类型包括单元功能测试、集成联调测试、用户体验测试等。通过对产品每个步骤进行相应的测试，确保测试结果符合需求文档的要求。

（一）产品测试阶段具体任务

1. 单元测试

集中对用源代码实现的每一个程序单元进行测试，检查各个程序模块是否正确地实现了规定的功能。

2. 集成测试

把已测试过的模块组装起来，主要对与设计相关的软件体系结构的构造进行测试。

3. 系统测试

把已经经过确认的软件纳入实际运行环境中，与其他系统成分组合在一起进行测试。

4. 验收测试

验收测试是将最终产品与最终用户的当前需求进行比较的过程，是软件开发结束后，软件产品向用户交付之前进行的最后一次质量检验活动，回答开发的软件产品是否符合预期的各项要求、用户是否接受等问题。

（二）产品测试阶段的产出

1. 测试方案文档

测试方案文档描述产品需要测试的特性、测试目标、测试范围、测试方法、测试通过准则、测试环境的规划、测试工具的设计和选择等。

2. 测试规程文档

测试规程文档详细对每个测试类型方法、测试工具、测试环境、测试准入／准出条件、测试数据进行描述。

3. 测试用例文档

测试用例文档把产品需求每个功能点转换为一种可操作执行的步骤（手工或自动化），验证实测结果和产品需求功能点是否一致。

五、产品上线

在产品功能实现后，需要从系统功能、用户体验、平台支撑、业务应用、协同运营、数据共享、协同运维、产品创新等方面对产品进行上线前的准备，并开展上线评估工作，确保产品试点成功上线应用。

（一）产品上线阶段具体任务

1. 产品上线评估

在制定产品上线方案的制度、流程、规范的基础上，服务于产品上线过程的管控，对上线产品功能点达成度、业务流程运转是否顺畅、质量验收偏差等进行节点管理。

2. 产品上线实施

从系统上线环境的搭建与准备、系统初始化配置，正式上线的期初静态数据的录入，到验证系统上线数据完善性及运维培训交付等。

（二）产品上线阶段的产出

1. 上线评估文档

依据总体评价原则和评价范围，从系统功能测试、用户体验测评、平台支撑能力、协同运营机制、数据共享机制、协同运维机制六个方面进行评估。

2. 上线实施方案

上线实施方案包括系统上线环境的搭建与配置、正式上线的静态数据的录入与验证、系统上线的运营维护培训、正式上线阶段的运营日志跟踪与问题反馈。

3. 操作手册

进行操作手册、培训 PPT 与讲稿的制作，组织开展相关人员培训，输出培训总结，并统一下发产品操作手册。

六、产品体验

产品在正式投放市场前，需要了解用户在使用产品或系统之前、使用期间和使用之后的全部感受，包括情感、信仰、喜好、认知印象、生理和心理反应、行为和成就等各个方面。通俗来讲，就是这个产品好不好，用户用起来方不方便。

（一）产品体验阶段的具体任务

1. 设置评价指标

将影响用户体验的五个要素转化为功能体验、操作体验、视觉体验、用户忠诚度、产品关键绩效指标（KPI）、技术质量六个测评维度，确定每个维度中的具体评价指标。选取指标时既要符合行业通用的用户体验设计和评价理念及规范，也要充分考虑所测评产品的个性需求及特征。

2. 全周期测评

将用户体验测评渗透到产品设计、开发、测试、上线的全周期，在产品生命周期的各个阶段开展不同的测评项目，并对测评发现的问题进行跟踪，推动产品用户体验的持续提升。

（二）产品体验阶段的产出

1. 种子用户体验方案

制定种子用户体验方案，方案应包含体验环境、体验项目与步骤、体验记录表、功能满意度问卷等内容。

2. 种子用户体验报告

在体验具体过程中，要根据种子用户体验方案的设计，做好各项体验结果记录，如有条件应做好全程录像或录音。涉及种子用户界面操作问题，应有专人在旁边指导操作，并记录用户的反馈，以发现产品功能中存在的问题。在体验结束后，应尽快整理用户反馈和各项体验结果记录，形成种子用户体验报告。

第三节　产品经理

要孵化一款优秀的产品，首先需要有一名优秀的产品经理，产品经理就是发现问题，提出需求，找到用户体验与商业目标的平衡点，并且能够解决问题的人。产品经理（Product Development Manager，PDM）的核心技能就是解决问题，在产品工作当中包括产品定位、需求对接、需求评审、产品设计、组织协调、研发测试、上线运营、市场推广都会遇到各种各样的问题，产品经理的职责就是解决它们。本节主要介绍产品经理的基础素养和创新思维，并根据处理问题的能力给产品经理划分等级；了解作为一名优秀的产品经理应该具备的硬实力和软实力，及其日常工作中所要接触的核心干系人。

一、基础素养

产品经理的核心技能是解决问题，可以通过做什么、为什么、怎么做三类基于处理问题的能力和层级来给产品经理等级定位。

初级产品经理的基础素养是知道"怎么做"：这个等级的产品经理能够主动、有礼貌地与客户有效沟通，快速响应客户需求，能获得客户的信任；能基本解决一般问题及需求，并提出合理的建议；能够帮助编写产品文档，并能够帮助准备产品演示，以及需求调研，并具备基本的产品讲解和交流能力。

中级产品经理的基础素养是知道"做什么"及"怎么做"：这个等级的产品经理能够提供持续稳定的服务，并超出客户预期；对客户的复杂问题及需求能较好地解决，并能对客户特殊的需求提出较好方案，对客户的业务理解能力很强；具备良好的产品讲解和交流能力，熟悉并逐步支持整个产品运营过程。

高级产品经理的基础素养是知道"为什么""做什么"及"怎么做"：这个等级的产品经理能够具备引导客户行为的能力，明确产品定位；对客户的业务及需求有很深的理解，能结合现状为客户问题创造性地提出解决方案，并得到客户的认可；能够组织整个市场调研和产品孵化过程，负责整个产品设计过程管理，具备良好的产品讲解和交流能力，能够站在公司的高度进行统一运营。

各级产品经理基础素养如图1-9所示。

产品经理就是项目中的万事通，把项目中涉及的所有角色在产品研发和迭代的过程中有效的串联起来。但是产品经理是解决问题的人，而不是神，也就是说产品

11

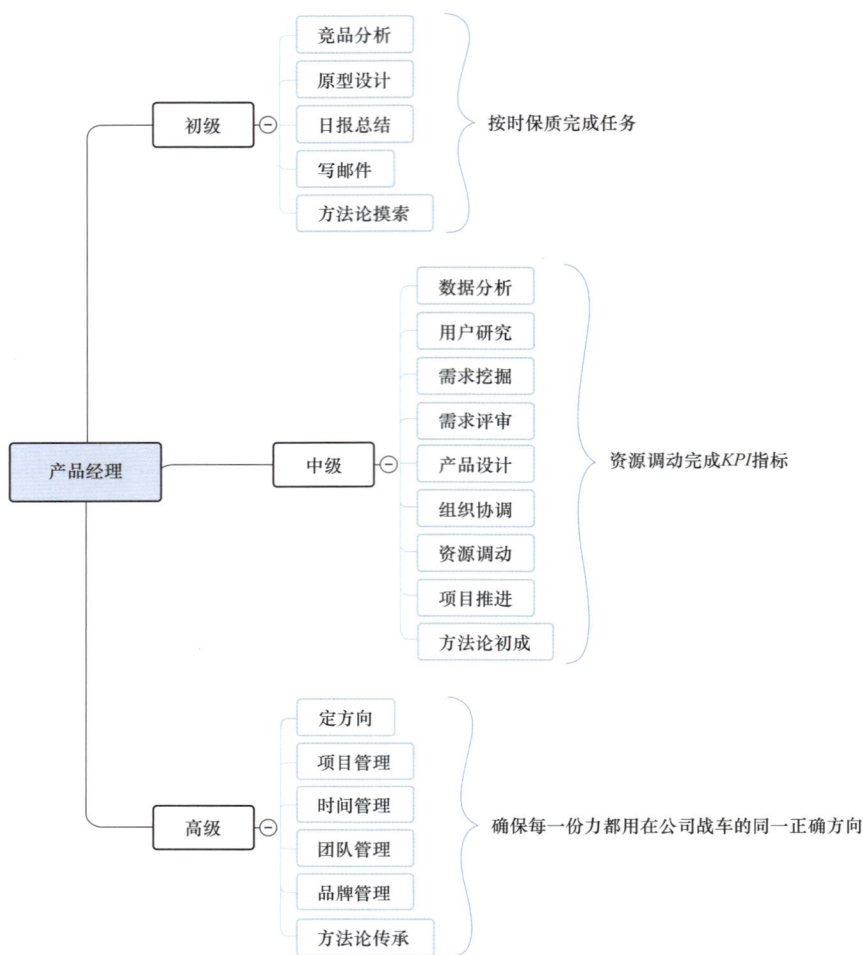

图 1-9　产品经理基础素养

经理不是万能的，但是没有产品经理是万万不能的。

二、创新思维

创新思维是一名好的产品经理需要优先具备的基本素质。有人说创新就是要做一件与众不同的事情，就像乔布斯说的"活着就是要改变世界"。但笔者认为创新的本质不是做新的事情，而是用新的条件把旧的事情再做一遍。

首先，人类的需求其实是长久不变的，没有那么多花样翻新的空间。衣食住行社交求知，人性不变，需求长久也基本不变，如图 1-10 所示。

其次，旧的满足需求的方式，因为技术条件不足，会有一些缺点。所以每当新的技术条件一旦出现，就会思考，新的技术能不能解决这些旧的满足需求的方式的缺点？如果有，就有创新的机会。比如最开始人们都是通过实体店来购买商品，但存在路途遥远，体力消耗大等缺点，随着互联网技术的兴起，人们通过网络来克服了这些缺点，但随着而来的也出现了无法量身试衣的问题，随着最新直播技术的发展，又新兴出现了网络直播的购买方式。

图 1-10　人类需求与创新机会

　　创新的最大难点不是想出新的方式满足需求，而是看到旧的满足需求方式不合理的地方。旧的方式被沿用多年，大家习以为常，并不觉得有问题。这会形成一道厚厚的认知屏障。真正阻碍创新的，就是这个认知屏障。

　　乔布斯当年发布的第一代苹果手机没有键盘，只有触摸屏。很多人不接受，一个手机没有键盘，使用起来肯定不方便，或者至少要有个手写笔。早期有一些全屏幕的手机就是配手写笔的。乔布斯说没有必要，因为婴儿一出生就带了自己的笔，那就是手指啊。果然，乔布斯证明了自己是对的，人类很快就适应了用手指戳戳戳的操作，这是用新的条件把旧的事情重做了一遍，如图 1-11 所示。

To live is to change the world
这不是什么创新，这是回归本来。

图 1-11　苹果手机的创新

　　一个成功的创新一定会伴随一件事，那就是推动了新的社会分工的形成，形成新的职业。分工产生效率，协作推动繁荣，如图 1-12 所示，阿里巴巴成功是因为有一千万以上的职业化淘宝店主，微信成功是因为有几千万个微信公众号，里面有很多专业的公众号运营者。这是人类社会演化的基本原理，如果一件事非常热闹，但是没有推动新的社会分工，没有产生新的职业，也就是说对人类社会的进步没有贡献，那么热闹也是暂时的。

阿里巴巴成功是因为有一千万以上的职业化淘宝店主。

微信成功是因为有几千万个微信公众号，里面有很多专业的公众号运营者。

图 1-12　创新推动新的社会分工形成

三、能力需求

产品经理能主导一个互联网产品的走势，能无授权驱动一群小伙伴共同完成任务，因此需要具备硬实力和软实力。

（一）七种硬实力

硬实力是指那些看得见、要产出的工作技能，例如作为互联网产品经理必须要懂得人机交互，能把自己的产品想法通过界面图形与终端前的用户进行沟通，所以交互设计就是一个硬实力。产品经理的七个硬实力如图 1-13 所示。

图 1-13　产品经理的七个硬实力

1. 用户需求征询

能通过定性、定量技巧，剖析用户最本质的需求。用户需求主要用于研究用户做某件事情的背后动机、原因、目标。

2. 市场分析能力

掌握行业分析、市场细分、竞品分析技巧，能针对某个产品写出市场分析报告。市场分析的核心内容是在市场细分的基础上确定目标市场，简单来说就是：赚谁的钱、凭什么赚、好不好赚？

3. 交互设计技巧

了解人机交互设计技巧，能用交互工具把自己的产品想法呈现成交互稿。交互设计的意义在于让用户按照预先设定的步骤流畅使用产品，同时实现自身的商业目的。

4. 文档撰写能力

文档撰写是指把产品的逻辑梳理清楚，用 Word 呈现并能让技术人员等配合团队读懂文档。

5. 版本迭代技巧

懂得互联网产品版本迭代特点，可以将自己的需求合理拆解并安排相应版本。

6. 基础技术理解

了解一些基础的技术原理，能和开发人员简单沟通与技术相关的内容。基础技术理解的作用在于能够就产品过程中所出现的问题进行有效的预判，同开发人员进行紧密的协同，并且能够问题的根源进行精准的定位。

7. 数据分析呈现

掌握基本的数据分析技巧，看懂报表并通过数据总结项目效果或问题。

（二）四种软实力

软实力是指一个人的综合素质，不是一个具象的技能，却会潜移默化地影响项目过程及结果。在招聘产品经理时经常会优先考察一个人的软实力，因为硬实力通过后天锻炼提升相对容易，而软实力更像一个人的潜能，培养成本比较高。软实力并不是不能提升，针对产品新人，即使在一线互联网公司也会注重培养新人的综合素养，事实证明这对于新人的成长是非常有效的。产品经理的四种软实力如图 1-14 所示。

图 1-14 产品经理的四种软实力

1. 成功意愿

成功意愿即对追求成功的渴望，也称为追求卓越，常表现为执行力。产品经理并不是一个简单的工作，在其工作中也并不总是一帆风顺，在项目合作中常会遇到各种阻力，所以更要求产品的领路人是一个有恒心、有毅力、能排除万难的人。同样一个事情，给不同的人来做，最后的结果可能是完全不一样的。

很多时候我们看到的困难不是困难，症结是自己内心是否真的想完成，是否能用心去完成它。有成功意愿的人有激情，充满活力，愿意挑战困难，一次不行再试一次，有一股锁定目标一定要成功的劲儿；缺乏成功意愿的人对事总是将就、应付，喜欢做自己擅长的事情，遇到困难就停摆，目标经常变化。其实成功意愿是每一个人的基础素养，在现实社会中成功意愿高的人，往往能取得更好的成绩。

2. 沟通协调

产品经理作为项目的纽带，需要和项目中不同的角色打交道，所以沟通协调能力必然是非常重要的能力素养。虽然每个人从记事起就知道自己会说话，并且已经开始与他人进行沟通了，但生活中的沟通和职场要求还是有些差异的。产品经理在跟人沟通时可以参照5W1H的沟通指导法则，即原因（WHY）、对象（WHO）、时间（WHEN）、地点（WHERE）、人员（WHO）、方式（HOW），从这六个方面提出问题并进行思考。

3. 逻辑推理

好的产品经理是理性与感性的结合体，理性指的就是逻辑推理能力。在企业内，领导不希望听到"我想""我猜"之类的词，更希望通过数据及推理得到相应的结论，这些都需要逻辑思维作为支撑。一个好的产品经理在思考问题时需要遵守以下原则：

（1）全链路。无论是研发、设计、运营、商务、供应链或是跨行业，了解的越多，思考问题时就会越全面，有助于获得全面的决策信息。

（2）同理心。做一个商业判断，可以站在客户、合作伙伴、供应商、平台方多角度推演，既可以对信息去伪存真，又可以推测后续的发展补充决策信息。

（3）控风险。决策不是一次性的，而是需要根据当前状态不对调整的。通过多角度的推理提前思考风险点，可以保障决策的稳定性，避免出现朝令夕改的情况。

（4）方法论。这部分主要影响的是决策的取舍，例如：木桶原理优先做增长，破窗效应有错必纠，盖尔定律从简单开始设计，奥卡姆剃刀定律如无必要勿增实体等。通过不断的学习与复盘，补充和修正方法论，提升决策正确的概率。

4. 学习能力

一个人的学习能力，最关键的是学习的潜意识及意愿，在不受逼迫的情况下积极去接触及学习自己未知的东西，并能很快掌握。在互联网的时代，传统的知识学习方式已经无法满足时间碎片化、学习终身化、学习跨界化的知识诉求，产品经理在面对学习时，建议遵循"另类的二八法则"，即用 20% 的时间去了解一个领域80% 的知识，然后赶紧丢掉，迅速转场进入下一个领域。在具体的学习过程中，产品经理为提高学习效率，建议采用以下学习方式：

（1）人格学习。过去往往以为阅读就约等于学习，其实不是，阅读是跟书学，但是跟人学的效率会更高。

（2）概念。通过不断地搜集新概念来高效地学习。

（3）缝合。拿针缝一针把它合起来，将知识表达一次。

（4）碎片。利用碎片化时间拿到实实在在的知识。

（5）目标。只有目标、方法和行动的时候，一切才会被整合起来。

四、关联协作

整个产品研发过程中，产品经理并不是一个人在战斗，而是在很多同事的配合下共同完成项目。如图 1–15 所示是一个项目涉及的部分干系人，最中间的产品经理是一个项目的驱动者。而产品经理的前方是"Boss/Leader"，也就是创业团队中公司的老板，在大公司中往往是团队的负责人，他们是指令的下达者。产品经理的后方是"用户"，是产品经理服务的人群。产品经理需要关注用户的需求、感受，不断迭代更新自己的产品。产品经理的下方是一群和产品经理配合完成任务的角色，下面对这些角色展开介绍。

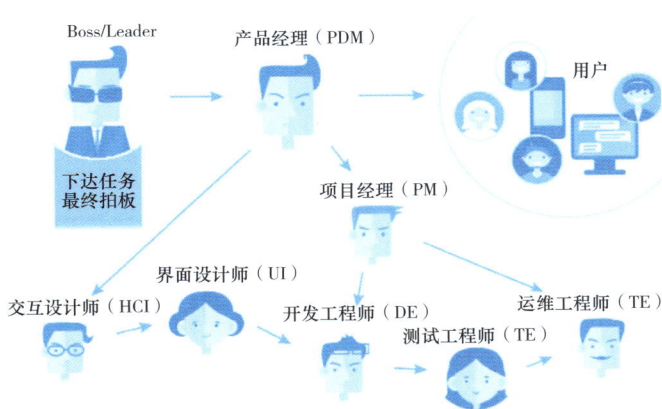

图 1–15　项目涉及的部分干系人

1. 交互设计师

交互指的是产品与它的使用者之间的互动过程，而交互设计师则是秉承以用户为中心的设计理念，以用户体验度为原则，对交互过程进行研究并开展设计的工作人员。

产品经理考虑要做什么产品才有价值，交互设计师考虑怎么把产品经理的想法最有效地转化成一系列的界面展现给用户，所以交互设计师的产出更多为交互原型图，其中包括页面布局、内容展示等众多界面展现。例如：使用按钮还是使用图标？字号大小如何？如何使用 tab？用户需要点击还是滑动？采用摇一摇还是吹一吹？这些都属于交互设计的范畴，如图 1-16 所示。

图 1-16　交互设计范畴

在大型互联网企业中，往往都会设立专门的交互设计师岗位，但小型企业或创业企业往往没有那么细致的分工，这部分工作会由产品经理自己来代做。

2. 界面设计师

界面设计师是又称平面设计师或 UI 设计师。UI 的本义是用户界面，是英文 User interface 的缩写。UI 设计师（界面设计师）即指从事软件的人机交互、操作逻辑、界面美观等整体设计工作的人。工作内容包括负责软件界面的美术设计、创意工作和制作工作，如图 1-17 所示。

界面设计师负责结合交互设计师或产品经理的初（单）步（色）交互原型稿，制作丰富多彩的设计文件。所以大家平时在上网时看到的界面、设计，都是界面设计师的作品，他们的使命就是让互联网变得更漂亮。

除了设计内容本身，配合工程师切图、配置文件也是界面设计师工作中很重要

图 1-17 界面设计内容

的部分。

3. 项目经理

项目经理（Project Manager，PM）是指企业建立以项目经理责任制为核心，对项目实行质量、安全、进度、成本管理的责任保证体系和全面提高项目管理水平设立的重要管理岗位。

在很多大中型互联网企业中，一方面项目庞大，一个项目团队动辄三四十人，需要有个角色在中间做指挥，协调所有分工的任务、时间和进展；另一方面，为了人力资源的节约，一些技术团队往往兼顾多个项目，所以也需要一个角色来协调技术人员在不同项目中穿插时的工作安排。简而言之，项目经理的职责是为项目做时间、人力上的协调和安排，使命是使得团队协作更顺畅，保证人力资源的最大化利用，如图 1-18 所示。

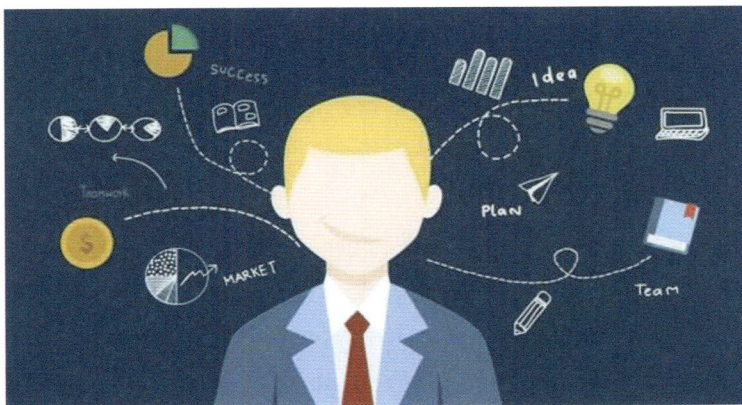

图 1-18 项目经理的职责

产品经理在完成需求设计后，会在项目经理这里报备，然后由项目经理来安排技术、测试资源及整理时间排期，令产品经理省去管理资源的烦恼。很多小企业是没有项目经理，这种情况下一般由产品经理或技术负责人来兼顾这个角色。

4. 开发工程师

开发工程师是指通过计算机语言手段实现产品需求的人。一般来说分为前端和后端两种，同时会用多种不同的实现语言，如图 1-19 所示。一般当产品经理把需求、交互明确后，开发工程师就可以根据需求把项目最终实现成为一个人们在网上使用的产品。

图 1-19　开发工程师的实现语言

5. 测试工程师

测试工程师负责前端产品以及后台应用程序的质量把关。在互联网中，产品的质量是非常关键的，都希望一个服务用户的产品完整且没有缺陷（bug）。但项目在设计和研发中难免有疏漏，而测试工程师就是产品质量的把关人。在产品上线前，他们负责检验产品的质量，在盖上他们认证的"合格章"后，一个互联网产品才可以上线运营。

具体讲，测试工程师的工作是根据产品经理的需求文档，编写测试用例，通过自动化测试（编写程序）或者手工测试对需求进行覆盖验证。结合测试用例，测试工程师会对产品功能涉及的每一个细节、每一个场景、每一个终端（移动端包括各式各样不同的手机、平板等设备）都进行细致认真的排查体验，如图 1-20 所示。在发现产品有质量问题时，他们会将 bug 单给到开发工程师或产品经理，在修改后他们会继续测试，直到问题被解决。他们确保产品经理的需求得到完整实现，保证产品对外发布时，没有任何不可接受的问题和漏洞存在。

图 1-20 测试工程师的工作

中大型互联网企业中，测试工程师是标配，但一些小型或创业型企业因为资源有限，这个职位也可能由开发工程师或产品经理兼任。

6. 运维工程师

运维工程师负责部署后台程序及后台服务的稳定性，确保后台服务可以 7×24 小时不间断地为用户提供服务，如图 1-21 所示。运维工程师管理数据庞大的后台服务器以及监控这些服务器上的服务状态，如何同时保障服务的高可用性，是运维工程师面临的最大挑战。

图 1-21 运维工程师的工作

运维工程师和后台开发工程师联系非常紧密。在大部分公司，后台开发工程师并不是直接将自己开发完成的软件部署到后台服务器，而是交给运维工程师进行部署，这样可以让开发工程师更关注开发。在一些中小型企业，后台开发工程师兼任了运维工程师的职责。

　　以上只是项目中主流团队涉及的角色，其实很多互联网企业的团队中所涉角色远不止这些，还有数据分析师、用户分析师（用研）、客服经理等，每个产品都是由这些多种角色一起努力最后呈现出来的结果。

第二章　产品立项

产品立项是做产品的源头，在立项时期未做好充分准备而最终走向失败的产品不在少数。因此，做产品首先要做好产品立项。

产品立项，简单来说就是分析这个产品是否应该做；如果应该做，该怎么做。产品经理在萌发初步想法后，需要通过产品立项将该想法用系统的思路和语言表达出来，并以此对产品方向进行决策并争取资源。由此可见，产品立项是整个产品研发流程的核心。

产品立项一般可分为四个步骤：①用户需求分析，即通过科学手段精准把握用户需求；②市场调研，其中包括目标市场分析与竞品分析；③规划分析，即明确产品定位与各阶段规划以及功能规划；④完成过程性文档的撰写及评审，评审通过后即完成产品立项的全部过程。

本章详细阐述在产品立项阶段中如何精准地把握用户需求、市场定位以及产品方向等客观信息，形成书面报告，以说服决策者做出立项决定。

第一节　用户需求分析

做互联网产品需要以用户为中心，以需求为导向，因此首先需要了解何为用户需求。用户需求是指某些人在某一特定的时期内在各种可能的情况下使用或购买某个具体产品的意愿，简而言之，用户需求就是人们愿意支付成本去满足的意愿。

由于需求是产品存在的原因，产品只是满足需求的方式之一，所以对用户进行需求分析显得尤为重要。进行用户需求分析不仅仅是要了解用户想要什么东西，更要了解他们为什么想要这种东西，同时还要理解这种东西会对用户的行为、心理和情感上产生怎样的影响。若观察到的需求过于表层，则很有可能在较短周期内发生变化；若观察到的需求过于抽象，则有可能揭示的只是大众共识，不易形成可操作的方案，难以转变为企业的价值。本节为大家介绍用户需求分析的步骤与方法。

一、用户需求分析步骤

对用户需求进行分析时，遵循科学的用户需求分析步骤可以更精准地把握用户需求。用户需求分析一般分为确定目标人群、构建用户场景、描述用户画像和挖掘用户需求四个环节。

（一）确定目标人群

在制定产品的时候所面临的最大问题就是把产品卖给"谁"，也就是确定目标人群的问题。当下的市场中用户种类极其繁多，因此企业在确定目标人群的时候，首先要针对所有的用户进行初步判别和确认。

初步确定目标人群包括两个方面的工作内容：一方面是寻找企业需要特别针对的具有共同需求和偏好的群体；另一方面是寻找能帮助企业获得期望达到的收入和利益的群体。例如 App "知了计量"，在初步确定目标人群时，主要针对的是对电费敏感、需要解决表计和电费疑问的用户，解决这类用户的疑问可以有效降低电表校验流程数量，减少不必要的经费支出，间接帮助企业获得收益。

（二）构建用户场景

确立目标人群后，就要进行用户场景构建。用户场景的定义是在某时（When），某地（Where），周围出现了某些事物时（With what），特定类型用户萌发某种欲望（Desire），会想通过某种手段（Method）来满足欲望的一个场景，即 When、Where、With what、Who、Desire、Method，如图 2-1 所示。在典型、特征突出并且具有代表性的用户场景勾勒出人物画像，并以相关功能去满足特定人物画像的用户需求，即可明确产品功能的逻辑。

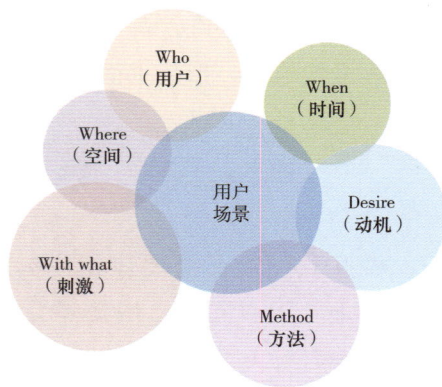

图 2-1　用户场景构建的要素

用一句简单的话概括描述：用户场景就是某人物在某时某地出于某种需求需要解决某个问题。这里的人物就是用户；需求包含心理需求（分享炫耀、获取关注等）和生理需求；这里的问题就是产品功能需要解决的问题。例如：刚搬进新房一年的小吴，忽然发现自己家电费突然增高，为了了解电费突增的原因，他使用 App "知了计量"的用电分析功能，辅助他回忆起由于天气的炎热增加了空调的使用，导致了电费的增长。这就是一个简单的用户场景。

（三）描述用户画像

用户场景的勾勒完成后，就进入到用户画像的描述，这里需要区分用户场景和用户画像两个不同概念。

用户场景是对一个实际场景的客观描述，里面有人物、有时间、有地点、有需求。如小吴 8 月末发现家中电费突增后想要了解原因并避免这种情况再次发生，这就是一个切实的用户场景。

用户画像则是对人物特征的具体描述，根据用户人群的目标、行为和观点的差异，将用户区分为不同的类型，然后每种类型中抽取出典型特征，赋予一个名字、一张照片、一些人口统计学要素、场景等描述就可形成用户画像。如吴某年龄 31岁，性别男，居住地杭州（二线城市），职位为银行工作者，工作年限 7 年，性格外向，对生活成本关注，近期发现家中电费增长较大，想分析出电费增长原因并避免这种情况再次发生，这就是一个清晰的用户画像。

用户画像可以通过对通用属性和特征属性这两类用户属性进行分析归纳来精准描述得出。

1. 通用属性

通用属性包括基础属性、经济属性、文化属性、社群属性、硬件属性、软件属性六类。为了获取到更精准的目标用户特征，对每类属性进行细化，得到通用属性下的二级属性，如表 2-1 所示。

表 2-1　　　　　　　　　　　　　　通用属性

一级属性	基础属性	文化属性	经济属性	社群属性	硬件属性	软件属性
二级属性	性别、年龄、文化程度、地域、行为	智力水平、喜好文化、个性化需求	经济收入、可支配输入、付费敏感度	交往需求、归属需求、领导需求、合作需求	设备、网络、通信	网络熟悉度、软件熟悉度

图 2-2 是一个包含六类通用属性的简单人物画像图。

2. 特征属性

除通用属性外，还需要分析用户的特征属性。特征属性是能够对设计产生最多价值的属性，需要加以深入分析、提炼设计启发。特征属性分为行为习惯特征属性和人性心理特征属性两类。

（1）行为习惯特征属性：指目标用户的一些行为习惯和特点，包括整体行为特征和具体动作行为特征。其中整体行为特征包括空闲、忙碌，宅家、经常外出、是否爱好运动、喜欢的交通工具、时间观念等整体行为。而具体动作行为特征则侧重于环节中某个细节的具体动作，如工业设计侧重人机工程方面会关注研究人具体动

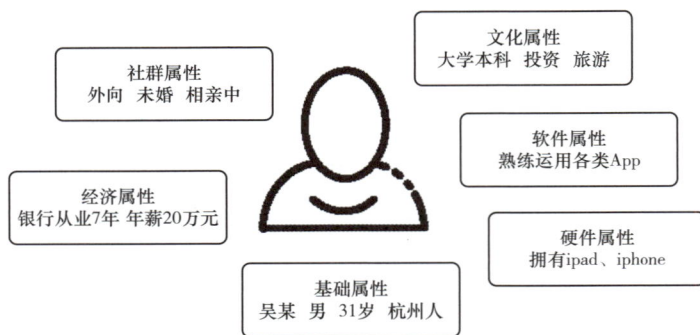

图 2-2　人物画像

作的行为特性，包括坐姿、卧姿、手持方式、手持时间等。

（2）人性心理特征属性：指目标用户在进行心理活动时经常表现出的稳定特点。若能充分利用心理特点，则可以满足产品战略和商业目标，从而获得成功。想要获取这类属性，可以从思考这个产品可能给用户带来的痛点、痒点、爽点或目前环境中遇到的问题等方面而获得。常见人性心理特征属性见表 2-2。

表 2-2　　　　　　　　　　常见人性心理特征属性

责任感	被认可需求	好奇心	隐私
自制力	分享倾向	使命感	仇富
耐心	辅导能力	攀比心	鄙视
自尊心	竞争压力	虚荣心	迷茫
自信	无私奉献	嫉妒	神秘
绝望	安全	现代化接受度	……

以 App"知了计量"为例，其面向的用户群体具有典型的人性心理特征属性：负责家庭日常开销、细心、较真、对金钱数字敏感、耐心等。App"知了计量"这一产品开发就是为了满足这些心理特征属性用户的需求。

（四）挖掘用户需求

描述完用户画像后，就要去挖掘真正的用户需求。美国心理学家亚伯拉罕·哈罗德·马斯洛于 1943 年在《人类激励理论》中提出了马斯洛需求层次理论，它是人本主义科学的理论之一。该理论将人类需求像阶梯一样从低到高按层次分为五种，分别是生理需求、安全需求、社交需求、尊重需求和自我实现需求，如图 2-3所示。

图 2-3　马斯洛需求层次

　　现实生活中存在太多问题，从而产生了不满意，而问题就是"理想与现实的差距"，那么人会很自然地产生"减少甚至消除这个差距"的愿望，这就产生了需求。因此，做一个产品肯定是为了解决某些问题，满足某些需求，而深挖这些需求，总可以归结到马斯洛说的几个层次里。马斯洛的需求层次与产品需求之间存在如下规律：

　　（1）越靠近底层，需求越是刚需。一款应用产品最核心的是其解决的需求是否是刚需。所谓刚需，即需求是硬性的，是必需的；其对应的是弹性需求，只是在某些场景下才需要，是可选择的，是非必要的。

　　（2）越靠近底层，需求越工具化。几乎越是底层的东西，越是常态化，如美食、租房、公交应用等。只有在需要时才打开使用，已成为一种工具。而其他基于新鲜感的需求，则在使用高峰及低谷时，用户数量差距巨大。

　　（3）越靠近高层需求，则新鲜感驱动越明显。新鲜感驱动的产品比较容易扩散和裂变，可以在非常短的时间内获取巨大的用户基数，但是又很难形成强有力的黏性，用户的留存无法保证。基于新鲜感的需求形成的产品，未来如何将引来的用户，通过其他工具化的基础需求将其留存，才是能否持续稳定的生存下去的关键。

　　（4）高层次需求和低层次需求往往是同时存在的。一般情况下低层次需求展现的较为直观明显，高层侧需求需要进一步挖掘才能发现。

　　以上规律对电力产品的用户需求挖掘和功能构建也具有指导意义，例如，一名客户来办理实名制接电业务，这其实是客户的表面需求，这类需求一般通过客户的明显举止或行为、话语描述或询问等方式表现出来。而这名客户实际上是装修新房，还有购买、安装使用智能电器等一系列内在需求，但这类需求并不会直接表现出来，需要营销服务人员通过客户的表面需求，结合客户的类型和特点进行联想与推测。在挖掘出客户的内在需求后，营销人员可根据内在需求进一步挖掘客户的关联性需求，除了可向客户推荐居民电气化产品外，还可进一步向其推荐家庭智能用电整体解决方案，更深层次和全面地满足客户需求。但是在做电力产品的功能设计时，首先要保证的是用户线上接电业务能够确保顺利完成，这是用户的"刚需"，也是产品留存用户的根本；在满足这个条件的基础上再进行智能用电解决方案推荐等功能的设计，则属于高层次需求。

在这个案例中，房屋通电对于客户来说其实是马斯洛的需求层次理论中第二层"安全"和第三层"社会交往"的需要，而客户的内在需求其实是想安装使用智能家电，让家里看起来更温馨和谐，从而产生安全感和归属感以达到满足更高层级的需求。通过这个例子可以发现，研究需求可以增强对用户的理解，而理解用户是产品经理最重要的素质之一。

二、用户需求分析方法

在研究一个产品想法是否真正满足用户需求时，常常要深入了解用户对这个需求更多的想法。目前用户需求分析方法可分为定性研究和定量研究两种。

定性研究是指根据社会现象或事物所具有的属性和在运动中的矛盾变化，从事物的内在规定性来研究事物的一种方法或角度。定性研究比较适合于具有探索、典型、故事、细节、原因、窄而深等因素/性质的研究项目。在进行用户需求分析时，一开始会先采用定性研究，这样能更直接、深入了解用户；但由于访谈用户数量有限，定性研究后需要了解用户更多想法时，就需再使用定量研究。

定量研究是指主要搜集用数量表示的资料或信息，并对数据进行量化处理、检验和分析，从而获得有意义的结论的研究过程。定量研究比较适合于具有普通、验证、趋势、数量、大盘、广而浅等因素/性质的研究项目。在项目前期如果想了解用户规模有多大、用户群的人口属性特征是怎样的、用户的哪个需求最强、哪个痛点最痛等问题，就可以根据定性的初步结果来进行问卷定量分析验证。

（一）定性研究方法

定性研究的方法主要有情景访谈、座谈会、日记、观察、可用性测试、启发式走查等手段。其中情景访谈由于具有随时随地可开始、观察用户更细致等特点而在互联网行业中广泛应用。下面重点介绍情景访谈这一定性研究方法。

情景访谈是访谈人员和被访者在工作环境中进行较长时间的（通常是 30 分钟

至 1 小时）一对一谈话，是对正在进行的工作的观察。情景访谈不仅需要观察和记录用户的工作，还需要与用户谈论正在进行的工作。情景访谈常用于了解个人是如何做出购买决策，产品或服务被如何使用以及消费者生活中的情绪和个人倾向等。传统访谈以问答为主线，情景访谈以观察被访者当前的操作方式为主线，其流程如图 2-4 所示，分为准备、介绍、访谈、总结四个环节。

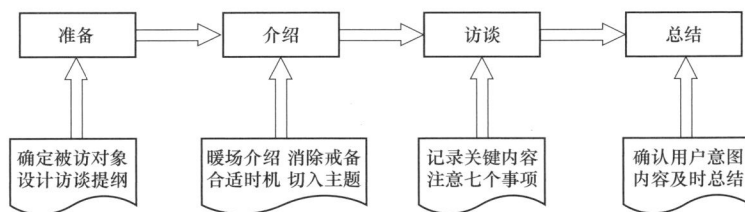

图 2-4 情景访谈流程

1. 准备

准备环节分为确定被访对象和设计访谈提纲两个步骤。

（1）确定被访对象。开展准备工作时，首先需要确定被访对象。确定被访对象的核心点是要确定合适、恰当的被访对象。如果找到的被访者根本不属于你的"用户"或者被访者都过于相似，则访谈结果的参考价值会大打折扣。因此在进行情景访谈前需要梳理甄别用户清单，在访谈前通过清单对被访者进行甄别筛选，若发现被访者不适合访谈（如根本不是潜在用户），那就不必对其进行访谈。

（2）设计访谈提纲。确定被访对象后，需要设计访谈提纲。情景访谈的核心是围绕访谈目的展开话题。在设计访谈提纲时，应更多关注用户在现实中的线下行为，避免全部提问与产品相关的问题，否则得到的回答将会局限于产品现有内容；同时还应多角度开放式提问，如从对象、时间、地点、情绪、物件工具等角度进行提问。开放式的问题除了为什么，还有一些常见的问法，如"你是如何解决的""能否详细描述一下过程""对方是什么反应""你的心情如何"等。

2. 介绍

介绍环节的主要作用是消除用户的心理防备和紧张感，拉近和用户的距离。介绍环节通常安排在开始访谈前，时间一般不超过 20 分钟。介绍时要把握以下要点：

（1）进行自我介绍。目的是收集用户的基本信息和使用习惯，使用户理解此次访谈所关注的问题，明确访谈的期望。

（2）获取录音和拍照的准许。目的是为了真实记录访谈内容，加强对访谈内容的正确理解。

（3）鼓励用户按日常模式工作。目的是引导用户表达出真实意图。

（4）抓住符合关注点的内容。目的是帮助访谈者寻找合适的机会切入访谈主题。

3. 访谈

在介绍中谈及用户的工作或责任时，找到符合关注点的内容，并寻找合适的机会即可进入访谈环节。在访谈环节中，需要记录的关键内容有用户的基本信息、用户的使用习惯、用户的关键任务、任务的策略和意图、遇到的困难及原因、所用工具的优缺点、用户的期望和关键原话等。

访谈环节还应注意以下事项：①需要确保访谈涵盖全部预期任务；②需要倾听、观察，并及时追问讨论，获取细节问题和具体解释；③需要做好相应记录便于事后分析；④不要强求用户完成任务而要自身找出原因挖掘线索；⑤不要过度引导用户而导致用户不想表达、不敢表达真实意图；⑥不要完全相信用户，脱离实际场景询问用户意愿而导致用户曲意迎合，或让用户猜测他人态度与想法会导致获取的数据不真实。

4. 总结

访谈接近尾声时，就进入总结环节。此时，需要花足够时间与用户确认对访谈内容的理解是否正确到位，是否符合用户的真实原意，并询问补充问题或其他疑问，同时应对用户表示感谢并赠送礼物或礼金（如果条件具备的话）。访谈结束后应注意避免与他人谈及访谈有关内容，并在 24 小时内完成对访谈数据的解释，以保持内容的新鲜度。

情景访谈在进行上述四个环节时，可以走出办公室，到用户的实际生活中去，从而贴近用户，从用户的生活及行为推导用户需求；也可以多关注用户在现实生活中的线下行为，用已有产品的用户反馈推导未来设计方向和解决方案。

（二）定量研究方法

定量研究方法主要有问卷调查、A/B 测试、行为数据统计、眼动分析等方法，其中问卷调查是一种结构化的调查方法，由于具有标准化程度高、收效快等特点而被广泛应用。下面主要介绍问卷调查这一定量研究方法，其流程如图 2-5 所示，分为沟通准备、问卷设计、问卷发布和结果分析四个环节。

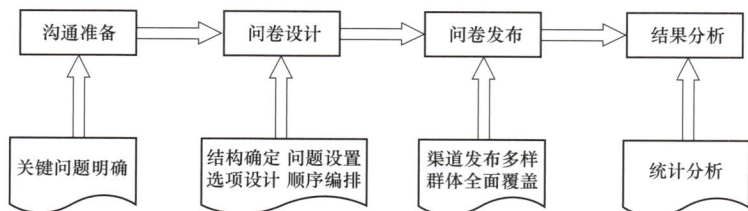

图 2-5　问卷调查流程

1. 沟通准备

在沟通准备环节中，应与团队成员讨论并明确调研目标、调研内容（想要验证的信息、已具备的信息、缺少的信息）、投放形式、投放对象、投放时间、投放数量和回收数量等关键问题。

2. 问卷设计

问卷设计环节主要包括结构确定、问题设置、选项设计、顺序编排四个步骤。

（1）结构确定。问卷结构需要根据调查目的安排，常见的需求问卷一般包括基础用户背景、用户需求、行为、态度、偏好、痛点、产品的使用情况等。题目数量一般建议不超过30题。

（2）问题设计。基本问卷结构确定后，就要逐一设计具体题目，设计问题时要厘清是问"是否"还是问原因，问单选还是问多选。

设计问题时要注意：①要使用通俗的、精炼的文字描述，避免过于笼统、模糊，导致用户误解，反例如"您是高还是矮？""您最常使用哪个社交软件？"；②提问时一次只抛出一个问题，反例如"你是否使用和喜欢某某产品""你喜欢某某软件的某某功能吗？如果不用，为什么？"；③要谨慎使用开放题，反例如"您觉得某某功能如何？"。

（3）选项设计。设计选项非常关键，有时在回收的问卷中，选择"其他"项的比重较大，而"其他"项应该是选项中未包含的情况，所占比重应该较小，产生这种情况的原因是选项不齐全、选项模糊，导致用户不知道如何选择，这会对后续的问卷分析工作带来极大困难。因此，设计选项时需要使用精简、具体、通俗易懂的描述，避免笼统、抽象，避免用户误解；需要确保选项真实、全面不遗漏，即穷尽所有可能的情况；设计的选项中概念不能出现交叉，应保持独立。

（4）顺序编排。在编排选项顺序时，应当遵循五大原则。一是优先筛选用户原则，应根据问卷设置的用户群体，让用户自行选择自己属于哪一类用户，这样可以方便后期对不同的用户进行归类，并针对不同的类别用户派发问题；二是先简单后困难原则，应将简单易答的问题放在前面，把需要回忆、思考的问题放在后面；三是兴趣优先原则，应把能够引起兴趣的问题放在前面；四是先封闭后开放原则，让用户先做选择题，最后回答开放式问题（有开放式问题的话）；五是敏感问题后置原则，涉及敏感内容的问题应放在后面提出。

3. 问卷发布

问卷发布环节中，问卷的发布渠道是多样化的，只要在一定时间内能从有效触达问卷的目标人群获得足够回收量都是可以利用的方式。常见问卷发布方式大致分为两种：一种是利用自身产品现有的客户群发布问卷，如在 App 的首页位置做问卷广告，利用消息或发邮件推送问卷等；另一种是利用社交产品推广问卷，如在目标用户聚集较多的 QQ 群、微博、公众号、论坛等地方发布问卷。

需要注意的是，问卷发布时应覆盖全部类型的用户，即重点关注用户的代表性，而非数量。如一个村庄只有老人与小孩，那么调查 1000 名老人绝对没有调查 100 名老人和 100 名小孩更具意义。所以在发放问卷时，要设定配合，客观取样；根据需要了解人群的性别、年龄、职业等比例划定样本的范围，并据此发布问卷。一般建议回收问卷 1000 份以上。

4. 结果分析

在分析总结环节中，可直接使用在线问卷平台提供的统计分析，也可下载原始数据使用 Excel 和 SPSS 等数据分析工具进行分析。

结果分析过程中，在判断用户需求的大小和优先级时，可使用问卷进行测量，通过人数、频率、重要性、满意度等维度综合判断，如图 2-6 所示。在调研前，先设想一些用户场景，然后针对场景进行问卷提问。

图 2-6　结果分析

假设要做一款居民用电管理软件，旨在为居民用电、省电、交电费、购买电器、装修布电、智能家电等方面提供帮助，但不清楚典型的场景是怎样的，需要通过用户调研来策划方向提供参考。那么在确定好调研需求后，调研人员就可以快速聚焦产品人员和设计师一起对可能的场景进行发散性思维。如一名已经刚装修新房子的用户，由于即将入住，所以存在购买电器的倾向。

根据上述场景的发散结果转换成如下对应的题目：

（1）您是否有网购家电的习惯？（　　）

A. 经常购买　　　　B. 偶尔购买　　　　C. 从未购买

（2）您网购的家电类别主要有（　　）。（多选）

A. 生活大家电（电视、空调、洗衣机、冰箱等）

B. 生活小家电（电风扇、吸尘器、空气净化器、挂烫机、加湿器、扫地机器人等）

C. 厨卫大家电（油烟机、洗碗机、电热水器、消毒柜等）

D. 厨房小家电（电饭煲、榨汁机、豆浆机、微波炉、电水壶、烤箱等）

E. 取暖电器（冷暖空调扇、电暖器、壁挂式墙暖、电热板、电热地毯等）

（3）您常用网购家电的电商平台有（　　）。（多选）

A. 京东　　　　B. 天猫　　　　C. 淘宝　　　　D. 苏宁易购　　　　E. 国美

F. 网易严选　　G. 小米商城　　H. 一条生活馆　　　I. 亚马逊中国

（4）影响您选择网购家电的电商平台的因素有（　　）？（多选）

A. 知名度　　　B. 商品种类　　　C. 商品价格　　　D. 送货时限

E. 售后服务　　F. 支付方式　　　G. 商城视觉效果　　H. 商城使用体验

（5）您网购家电时优先考虑的因素主要有（　　）。（多选）

A. 品牌　　　　B. 外观　　　　C. 性价比　　　D. 功能参数

E. 功率匹数　　F. 能耗等级　　G. 尺寸大小　　H. 售后服务

（6）如果通过购买家电您可以获得电费红包补贴，您认为（　　）。

A. 太棒了，多少是钱　　　　B. 还好吧，得看是多少

C. 一般般，促销而已　　　　D. 不喜欢，感觉麻烦

（7）如果一个家电产品有两个品牌共同冠名（例：国家电网＋格力的空调），您认为如何？（　　）

A. 品质和服务的保证　　　　B. 似乎会好一些　　　　C. 没有感觉

D. 不喜欢　　　　　　　　E. 感觉不可靠

问卷回收完毕后，可以挑选出典型场景并判断出优先级。需求优先级排列的常见方法是 Kano 模型。如图 2-7 所示，此模型可以帮助区分必须需求、期望需求和兴奋需求。

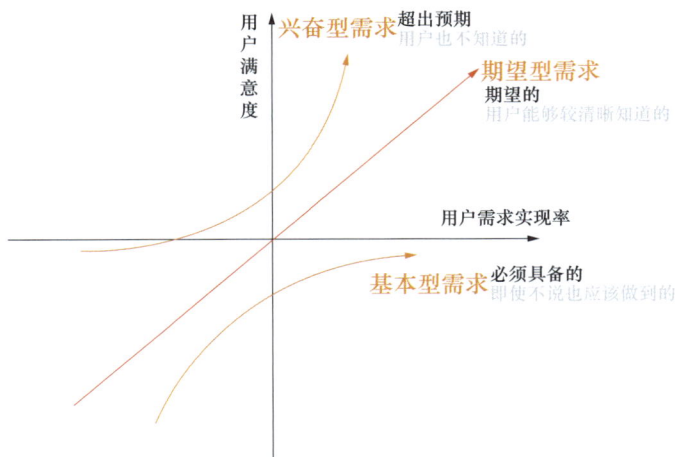

图 2-7　Kano 模型

第二节　市场调研

产品经理在产品立项过程中除了要分析用户需求，还要关注产品的发展空间和市场前景，去做市场调研，了解市场环境，对市场了解的越深刻越透彻，才能使整个产品在不断更迭中走得更远。市场规模决定了产品能够获取多大的用户群体，能够走得多久多远；市场特征有助于划分目标人群、确立核心功能点。所以，产品经理一定要具备市场调研能力和分析能力，一个产品要想获得成功，在产品立项前就要对整个市场环境有深刻、透彻而全面的剖析和了解。

通常做市场调研的方向主要有行业成熟度、市场发展空间、未来的市场规模、行业发展趋势以及其他对行业有影响的方面。从这些方向来考虑的话，做产品的市场调研就要进行两步走：首先进行目标市场的分析，确认产品所在市场的环境；第二步是进行产品的竞品分析，了解所处市场内的竞争对手。

一、目标市场分析

目标市场分析主要从市场阶段和市场规模两个维度进行。在做市场规模分析的时候，不能静态地去分析当下市场规模的大小，应该多维度，动态地去分析市场规模。首先需要了解目标市场的所处在哪一阶段，不同阶段的市场成熟度是不相同的。经常被提及的"红海""蓝海"，在某种程度上就是行业成熟度的表现。竞争越激烈，也代表着行业成熟度越高。

（一）市场阶段

市场阶段可分为如下四个阶段。

（1）导入阶段：行业刚开始发展。这个阶段往往竞争对手较少，但因此也会有很大风险，未知的领域，未知的商业模式，能不能存活下去，一切都是未知。

（2）发展阶段：行业进行了一段时间，处于向上发展阶段。这个阶段竞争对手是最多的，因为行业内出现了一两个成功的商业模式，只要加以修正传承，就可获得大量市场收入，呈现百家争鸣状态。

（3）成熟阶段：行业用户数基本固定。这一阶段只有少数一两家成为行业寡头，霸占九成以上市场，成熟的商业模式，令其如虎添翼。

（4）衰退阶段：整体处于衰退阶段，受经济政策环境变化影响，一蹶不振，入不敷出。

从上述市场的四个阶段可以看出，产品处于导入阶段、发展阶段可能存在的发展空间及机会更大一些。但是从本质上来说，产品目标市场阶段不会影响产品的发展空间。如市场成熟阶段或衰退阶段，可能已经有一些先行者占据了比较高的市场份额或者行业地位。这种情况下如果只是跟随和模仿，很难立足，除非资金特别雄厚，否则避免不了"大鱼吃小鱼"的情况。而若是具备差异化竞争的优势和能力，达到人无我有、人有我精的地步，则还是可以在市场当中分一杯羹的，甚至能后来居上。典型如电商行业的拼多多，整个电商行业成熟度很高，竞争很激烈，但仍阻挡不了拼多多的崛起，因为其切入了细分的用户市场，采用了更接地气的营销手段。

又比如导入阶段、发展阶段行业成熟度低，说明大部分是新兴业务，市场还需要培育，人们的认知还没有达到开展业务的要求，转化率不高，竞争对手也较少，大家都还在摸索着前行。这种情况下如果能预测到培育期的长短，就比较容易抢占先机。先行者不一定都能笑到最后，很可能出现资金链已经断裂，但市场还没有培育起来的情况。典型的如智慧医疗行业、在线教育行业，虽然政策利好，也是朝阳产业，未来的市场足够大，但培育期长，行业里的上下游初步能接受概念，但却远没有达到放大市场的程度。

市面上大量的创业公司涌入了并不能代表行业已经发展成熟，如社区团购，创业公司那么多，能做大做强的几乎没有，仍然是山头林立，你方唱罢我登场。同样行业内开始洗牌也不能代表这个行业就此凉了，没有机会了，即便是互联网金融的政策收紧，但只要监管措施能落实到位，仍然有很大发展空间。每个阶段都有其固有的优势和劣势，确定市场阶段是为了围绕产品制定更针对性的"市场打法"。

（二）市场规模

市场规模即市场容量，是指目标产品或行业的整体规模，包括目标产品或行业在指定时间内的产量、产值等，具体可根据人口数量、人们的需求、年龄分布、地区的贫富度调查得到分析结果。

在做市场规模分析时，要考虑到三个概念和四个影响因素。三个概念是：

（1）总潜在市场：是指一款产品或服务在现有市场上真正的潜在可以达到的市场规模，或者说希望产品未来覆盖的消费者人群规模。

（2）可服务市场：即产品可以的覆盖人群。

（3）可获得服务市场：即产品实际可以服务到的市场范围，这要考虑到竞争、地区、分发、销售渠道等其他市场因素。

了解了三个概念以后，要从以下四个重要的因素来进行市场规模的分析。

1. 市场的增长性

市场总是处于动态的，最优秀的公司总是善于发现动态下的机会。很多时候，计算的是静态的细分市场规模，而当采用动态思考时，就会联想到未来市场可能会有增长性的机会或者萎缩的风险。有很多的互联网产品是因为抓住了市场的增长性，获得了成功。其中比较典型的是海淘市场、内容市场以及母婴市场，这三类市场的变化使得各类互联网产品大量涌现。

2. 市场的扩张性

与跟随市场自然增长性所创造的产品不同，最优秀的公司总会从根本上改变他们所在的市场。采用的方法有很多，包括消除信息不对称、提高服务便捷性、支持新的使用场景、降低价格，等等。通过这些方式，这些公司可以大幅扩大市场规模。如滴滴通过共享打车，高效匹配用户打车需求信息，解决了用户打车难的问题，从而大大刺激了用户打车需求，增加了打车市场的总潜在市场扩张性。

3 市场的临近效应

在很多情况下，一家创业公司最初提供的产品或者服务只是针对某一个细分市场，未来都会考虑进入一个更大市场。例如，亚马逊公司（Amazon）最开始只销售图书，因为图书品类的品项（SKU）数量远超其他品类，而且图书的用户群非常广泛。现在回过头去看，图书只是 Amazon 为后续能在线上销售一切商品所做的一个铺垫。这里的重点是要了解哪些临近是真实的，哪些是虚构的。在中国也能看到很多此类案例，如庞大的汽车后市场，很多公司都是单点切入，后续拓展业务至其他方向，满足有车用户更多的需求。例如当下比较流行的体育论坛 App 虎扑是虎扑公司于 2003 年创建 Web 端论坛，2011 年开发出移动端 App，最早其主打体育社区市场，提供具有相同爱好球队的球迷进行交流的单一功能模块。后期其抓住了市场的临近效应，解构出了论坛球迷真实的临近需求，如增加球鞋真伪的识别板块、影视讨论区板块、情感分享区板块等。它很好地抓住了这些喜爱篮球、足球用户，同样喜爱球鞋、喜爱八卦、喜爱分享各自故事的需求。所以虎扑 App 很大程度上瓜分了一部分天涯、猫扑以及贴吧的流量，成为青少年男性较为热衷的 App，这就是市场的临近效应典型案例。

4. 用户的使用频率

作为消费技术市场的一个通用规则，用户使用一款产品或服务的频率是与这个市场的规模密切相关的。如果一个产品能让很多人经常使用，则产品的归属公司通常有机会成长为一家大公司。共享单车及共享移动电源产品都是凭借使用频率而快速崛起。他们的总可用市场（TAM）目前依然是相对比较小的，收费也比较低，但投资人看中的是用户使用的高频率。

二、竞品分析

竞品分析是对根据调研确立的目标竞争对手产品的分析，借用竞品分析的过程可以全面了解竞品市场上的产品形态、用户数据、运营情况以及用户反馈等。

通过竞品分析，学习竞品的可用之处，规避商业的风险。透过竞品产品的功能界面分析其内质与关联生态的关系、运营点及用户效果等，也可以获知已有产品调研、自由产品的缺失与问题，找到可以突围的优势。分析竞品的过程，相当于阅读竞品原有团队"调研＋实践"的结果集合。

竞品分析是做产品的基本功和日常任务，总的来说，竞品分析的作用就是：①更清晰地了解市场态势及走向，让团队跟上趋势；②更具体地分析业务场景，更细致地把握用户需求；③借鉴竞品优点，规避竞品缺点。

一般来说，竞品分析包括以下四个步骤。

（一）确定竞品分析目标

明确竞品分析的目的，圈定竞品分析的边界，选择合适的分析对象。这里介绍三种最有效的确定竞品的方法。

1. 关键词搜索法

使用关键字搜索来寻找竞争对手。首先需要一个描述产品主要功能的关键字列表以及用户可能使用产品的情景。拿 PDF 阅读器为例，关键字有"PDF 编辑器""注释""扫描""突出显示""标志"等。关键字分析工具，如 AppTweak 和 Sensor Tower 是很好的资源，在这一步非常有用。它们会推荐竞争对手以及关键词。根据这些工具，可能还会看到关键词的流量、竞争程度及竞争对手是否在为这些关键词排名付费。为了节省时间和更加精确，可在关键字前添加"最佳"和"前 10 名"等短语。例如，可使用"最好的 PDF 标注应用"和"PDF 编辑器前 10 名"。另外，还可以使用场景来搜索潜在客户可能会问到的问题，如"我如何注释 PDF？"。

2. 媒体

识别竞争对手的一个简单但重要的方法是浏览相关新闻资讯，可以去关注一些流量大的媒体，如微博、门户网站等。这些网站的流量很高，这意味着竞争对手有很多曝光。你会想知道他们如何获得媒体的关注，以及如何才能赢得这个机会。

3. 用户反馈法

口碑仍然是当今营销的最佳形式，所以要多注意人们在谈论什么，无论是好是坏。有时候，客户会在应用商店评论和电子邮件中提及竞争对手，比较他们尝试过的不同产品。要密切关注这里反复提及的竞争对手，弄清楚如何在竞争中夺得头筹。

（二）确定分析维度

对产品目标进行拆解，分析了解用户需求，据此获得竞品分析的维度，包括分析的侧重点，以及分析时需要采用什么标准。图 2-8 提供了 9 类主流的分析维度，也可以根据相关需要选择个性化的分析维度。

9 重要伙伴	7 关键业务	2 价值主张	3 客户关系	1 客户细分
	核心资源 8		渠道通路 4	
	成本结构 6		5 收入来源	

图 2-8　参考分析维度

（三）进行对比分析

根据确定好的分析维度，对所选竞品进行逐项对比、分析优劣。这里一个常用的工具是竞品分析矩阵，根据确定的分析维度建立竞品分析矩阵，便可从中提炼出有价值的信息。首先可以遍历全矩阵，对特殊信息标记处理，如非常好的数据表现，特别的功能和设计，有创意的推广手段和运营活动，有意思的玩家评论；然后将标记信息整理成竞品优点一栏。其次，针对竞品优点，判断有哪些信息是我们困惑的，还需要进一步调研的，将其梳理成疑问一栏。如某竞品到底用了什么方法快速推广？某竞品功能表现平平，为什么月活跃用户（简称月活）这么高？为什么某竞品最近的收入突然有了大幅度提升？最后将该竞品所有有价值的信息提炼成分析一栏，包括该产品的市场表现，优点，对该产品的看法，自身产品可以像其学习的地方，以及自身产品的差异化方案。图 2-9 就是一个简单的竞品分析矩阵。

竞品名称	产品定位	上线时间	开发商	融资轮数/重要投资商	月活	IOS搜索指数	IOS免费榜	IOS畅销榜	推广渠道	核心功能	特色功能	UGC功能	重点版本	直观感受	用户评价	竞品优点	疑问	分析
直接竞品																		
间接竞品																		

图 2-9　竞品分析矩阵

（四）总结及建议

总结对比分析的收获，给出有建设性的解决方案。不管竞品分析报告是用PPT还是用视频来包装，它的最核心部分永远都是下一步工作指导性的结论，也就是给出竞品分析目的"哪些是我做的别人也在做/哪些是不做别人在做/哪些是我想做别人没做"的答案。只有给出这些答案我们才算是完成了一次成功的竞品分析，完整地完成了产品的市场调研。

第三节　规划分析

做完市场调研之后，就进入了产品的规划分析阶段。对产品进行规划分析，可以让产品更有节奏地发展。所谓规划，讲究一个"远"字。产品规划分析不但是在做计划，更是在选择产品的发展历程，它就像是一份作战计划书，会一直贯穿于产品生命过程中。

本节从产品定位、产品规划、功能规划三方面来讲述产品的规划分析阶段。

一、产品定位

产品定位是指产品所处的领域及在用户心目中的形象和地位。通俗来讲，产品定位就是告诉用户这款产品可以用来干什么。产品定位是在进行充分市场分析基础上，结合市场目标与定位的用户群，推导出满足定位的需求目标。作为产品经理，一定要明确自己的产品定位。

例如淘宝，它是一个帮人们实现在网上可以互相出售或购买商品的平台，所以淘宝的定位是"线上C2C电商平台"（用户对用户进行交易的电商平台）。了解这个定位，其他的C2C平台，如最初的易趣、拍拍网就是直接的竞争对手。又如"用好电"产品，其定位就是配合智能插座使用，可以进行电器负荷观测等功能的App，则其竞品就是市面上主流的智能家居以及智能插座App，如格力+、米家等。

需求决定定位，定位决定产品，产品因定位而生，很多时候说定位实际上是在说产品，产品是定位的真身，但二者均不是本质，本质应该是需求。

找准产品定位需要做到以下三点：

（1）优先定位目标用户。必须明确谁是产品的目标用户，确定目标用户的标签，如年龄层、收入、职业等，这些决定了目标用户为什么用这个产品。

（2）明确产品的核心能力/主攻领域。满足什么样的产品痛点就要有什么产品的样子，能让用户清晰知道产品的精髓。如果涉及产品的人都不清楚产品是干什么的，核心能力、主攻领域分别是什么，则产品难以在市场上立足。

（3）产品定位追求小而美。产品定位时决不能追求大而全，大而全的产品不仅会给开发造成强大的压力，还容易在最初的产品设定阶段引发功能逻辑混乱，投入市场后也易导致用户不能清晰了解产品，从而使得产品变成"四不像"；若定位小而偏，则会出现市场需求弱，痛点不明显，没法积累第一批用户的情况。一般情况下采取小而美，易用、好用、能玩起来的角度作为切入点。

产品定位还需要注意以下问题：

（1）不能前后逻辑矛盾。针对年轻人的产品不能因循守旧，服务于大众的产品不能太过小资，给老年人的产品不能功能罗列太多，等等。

（2）介绍切忌漫无目标。尽可能不要出现"史上最强""现阶段最好""最符合用户习惯""全球最佳""世上独一无二"等大而虚的词语。

（3）定位目标不能过窄。不要架设"只服务于×××""只提供×××""仅限×××使用"等围墙。

（4）什么都要就什么都没有。主体功能的定义一定围绕最基础的功能，如照片发布、海淘购物、新闻阅读、陌生交友、视频录制等，并不是各个功能的累加，更不能过度渲染细节功能。

（5）适当幻想，杜绝天马行空。阐述用户使用场景应当是真实存在的常规场景，而不是幻想出来的用户行为或用户心血来潮的偶发行为。

还是以App"知了计量"为例，该产品的定位就是为用户解决电费电量以及疑问，避免用户进行校表，面向用户的需求点很小。但是在做产品定位的时候，千万不能因为自己觉得产品功能太过单一，而去想要再增加其他不是一个维度的功能，例如智能交费以及电动汽车、综合能源服务类的推广及功能，这样只会让产品变得"不伦不类"。我们需要做的就是深挖用户电费电量疑问的痛点，将这一个点做小做精。

二、产品规划

产品规划本身就是以可预期、理想化、最终设定的目标为蓝图，以近期的产品输出为开始，并以分阶段的方式来制定的规划。产品规划一般分为六种发展模式和三段发展周期。

（一）六种发展模式

互联网产品规划过程中，常见的发展模式有六种，分别为：

（1）应用→平台→生态。如微信、QQ，从聊天应用，再到开放平台，最终建设其生态。

（2）应用→生态→平台。如百度脱离引擎提供商模式后，从搜索应用为突破口，形成用户有问题百度一下的搜索习惯与生态，到形成百度的开放式及流量分发平台。

（3）平台→应用→生态。如阿里巴巴从淘宝建设C2C平台，再到电商诸多（支付宝等）应用，最终形成生态。

（4）平台→生态→应用。如滴滴出行在其初期搭建一个打车的平台，联合阿里、腾讯系共同打造与教育线下的出行生态，最终孵化出如今的滴滴出行。

（5）生态→平台→应用。如万达商业，在初期搭建线下的生态模式，再兴建互联网O2O平台，最终推出飞凡等应用。

（6）生态→应用→平台。如新浪、网易、今日头条等，先期搭建内容生产与传播的生态，中期通过应用联通自有用户群，最终通过平台产生衍生的收益，如今日头条与京东合作的京条、网易新闻客户端与考拉、新浪微博与阿里等。

不同的模式，其发展的路径与态势均截然不同，每一种模式必有其固有的优势与不足，应尽可能规避在不做估量自身资源、能力与可持续性的情况下照搬照抄某种模式。从应用提升的角度来说，不同的发展模式都能总结为可用→能用→好用的规划模式。

电网公司互联网产品的发展模式是应用→平台→生态，最初有各类型的线上应用上线，如老版掌上电力、电E宝、各类电力公众号以及生活号，它们提供的服务很多，但是重复性高，没有梳理成统一的体系；当下在做的就是应用的整合，平台的搭建，如掌上电力（2019版）的上线就是对之前各类产品的整合，对客户形成统一的服务出口；最终则要建成一个共建共创共赢的能源互联网生态，即泛在物联网生态。

（二）三段周期

产品规划的三段周期分别是近期规划、中期规划、长期规划。

1. 近期规划

近期规划又称为初期规划，是指产品规划过程中，针对初期产品的"需求集合"或是"做到什么程度的"的阐述与说明。产品的初期规划除考虑基本的产品机构及市场切入点外，应尽可能地满足目标用户的核心业务需求，通过用户体验与实操研究，服务于养成用户习惯与对产品依赖，提升用户黏性等。

近期规划是包含初始产品的功能集合、需求集合、产出目标，甚至运营目标的一个综合规划。近期规划要有可持续性，并可提供后续产品规划的基础及实践依据。

2. 中期规划

中期规划又称下期规划（针对初期规划立项时），是指在初期规划立项过程中，无法在初期完成且已有明确需求（明确的产品需求、明确的运营目标及研发耗时较长的内容），被安排在中期规划中实现。

中期规划需要根据初期产品达成的情况进行再次分析与调整。一般的免费互联网类产品，在中期规划过程中是带有资源转化、变现模式实践及具体任务与指标的。

3. 长期规划

长期规划又称长远规划、可持续规划（有时与中期规划合并为中长期规划）。本书所称的长期规划是指产品发展与运营到一定阶段后设定的期望，一般与形成生态、稳定盈利模式相关联。同时，长期规划的预期也是产品在规划初期设定产品设计与产品运营的综合目标。

例如掌上电力（2019版），近期规划是业务贯通，做到更便捷更流畅；中期规划是重构融合，做到更丰富更智能；长期规划是生态聚合，做到客户价值不断提升，如图2-10所示。

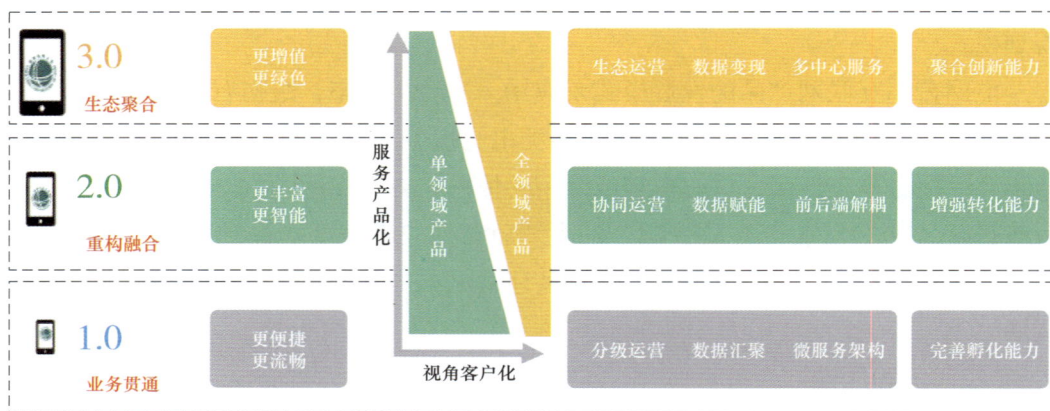

图 2-10　掌上电力（2019 版）的三段周期

三、功能规划

一个好的产品一定要有核心卖点，也就是核心功能，这个核心功能的确立一定是综合考虑了市场需求、目标人群、用户痛点得出来的结果。为了获得产品的核心功能，就要去做好产品的功能规划。一般情况下产品的功能规划分为如下五个步骤：

1. 根据问题做解决方案

根据产品的战略定位及用户需求，为产品做解决用户问题的方案，得到具体的产品功能。这个过程要考虑目前市场阶段是不是符合当前功能；竞品用了什么解决方案，效果如何，哪些可以借鉴，是不是还有其他形式的解决方案（如新技术、新模式的出现可能会对此需求有更好的方案），例如旅游类 App 的功能规划如图 2-11 所示。

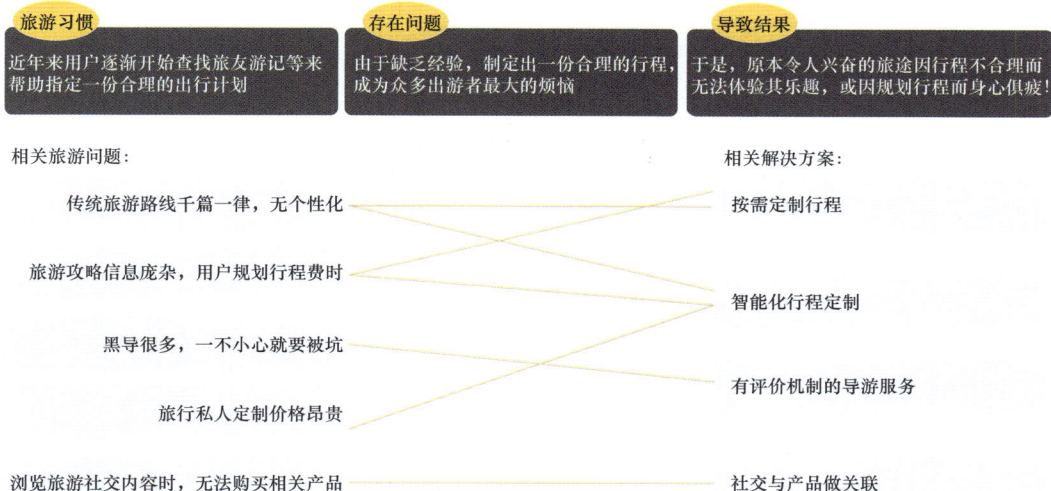

旅游习惯	存在问题	导致结果
近年来用户逐渐开始查找旅友游记等来帮助指定一份合理的出行计划	由于缺乏经验，制定出一份合理的行程，成为众多出游者最大的烦恼	于是，原本令人兴奋的旅途因行程不合理而无法体验其乐趣，或因规划行程而身心俱疲！

相关旅游问题：

传统旅游路线千篇一律，无个性化

旅游攻略信息庞杂，用户规划行程费时

黑导很多，一不小心就要被坑

旅行私人定制价格昂贵

浏览旅游社交内容时，无法购买相关产品

相关解决方案：

按需定制行程

智能化行程定制

有评价机制的导游服务

社交与产品做关联

图 2-11　旅游类 App 的功能规划

2. 细化并筛选出功能范围

一个个的需求痛点转化成功能概念之后，再细化出功能模块，并选择出符合公司战略定位的功能，选择出来的就是该产品的功能范围，如图 2-12 所示。这里要考虑功能的市场竞争策略是不是最佳，与产品的目标用户是不是吻合，怎样筛选组合这些功能才能更好地满足用户整体的产品需求、符合产品战略。

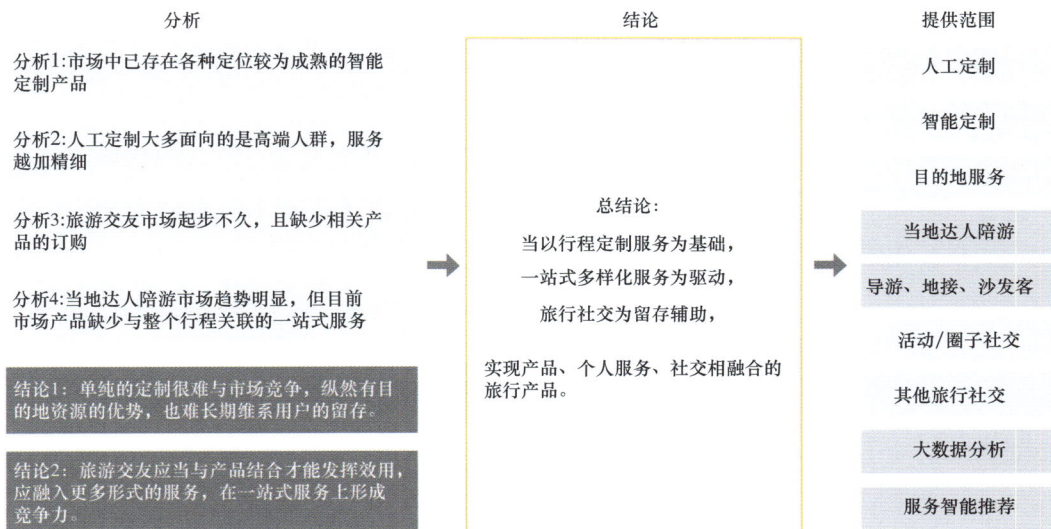

分析

分析1：市场中已存在各种定位较为成熟的智能定制产品

分析2：人工定制大多面向的是高端人群，服务越加精细

分析3：旅游交友市场起步不久，且缺少相关产品的订购

分析4：当地达人陪游市场趋势明显，但目前市场产品缺少与整个行程关联的一站式服务

结论1：单纯的定制很难与市场竞争，纵然有目的地资源的优势，也难长期维系用户的留存。

结论2：旅游交友应当与产品结合才能发挥效用，应融入更多形式的服务，在一站式服务上形成竞争力。

结论

总结论：

当以行程定制服务为基础，

一站式多样化服务为驱动，

旅行社交为留存辅助，

实现产品、个人服务、社交相融合的旅行产品。

提供范围

人工定制

智能定制

目的地服务

当地达人陪游

导游、地接、沙发客

活动/圈子社交

其他旅行社交

大数据分析

服务智能推荐

图 2-12　细化并筛选出功能范围

3. 进一步确定产品定位

有了功能范围就可以对产品做进一步的定位，梳理清楚产品的核心价值、细分市场定位、产品实现目标等，如图 2-13 所示，方便理解产品，并对后面的产品设计有指导意义，同时也是对战略定位的验证，看看由这些功能组成的产品是不是满足产品战略需求，不满足可适当做调整。

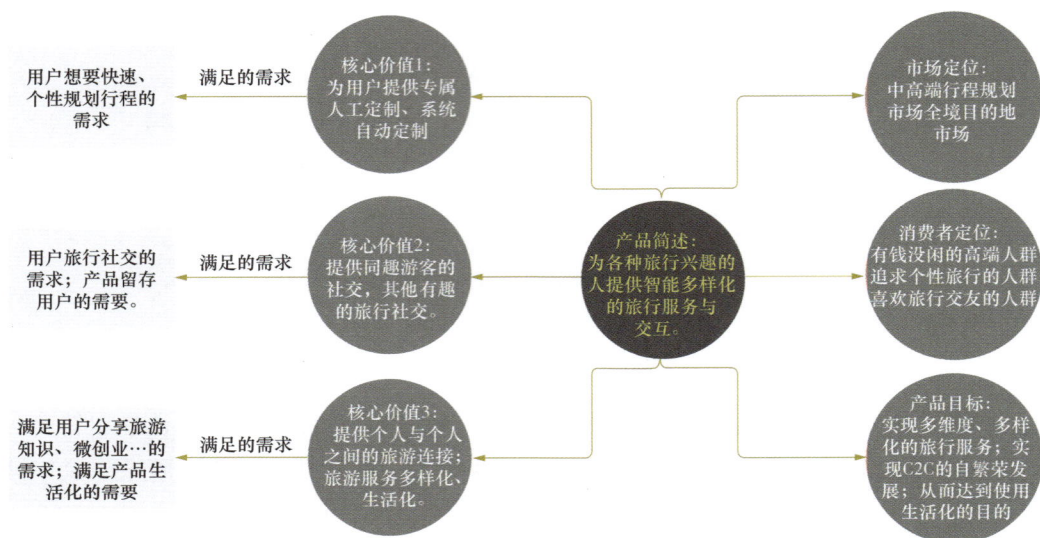

图 2-13　进一步确定产品定位

4. 为各角色规划功能

到目前所说的功能均是对最广大的 C 端用户群体而言，但一个产品并非只有目标群体一类用户，为达成产品目标中所有使用该产品的用户都是该产品的用户，只是角色不同。这就要搞清不同角色的需求是什么，或者说拿什么功能来吸引他们参与。搞清楚各角色的价值需求之后（见表 2-3），再为各需求问题规划相应的功能，如目标用户功能范围。

表 2-3　　　　　　　　　　　不同角色的价值需求

角色	价值需求
普通用户	获得人工定制行程、获得系统定制行程、产品预订、旅行交友、获得旅行问答 / 游记等资讯、获得当地人陪游等多样化服务
规划师	获得行程规划推广渠道、获得利润分佣、提高客户留存率、获得规划相关数据更好的精进规划能力
旅游服务提供者	获得服务推广的渠道、获得利润分佣、建立服务社交圈从而有效的留存用户、获得相关用户数据以更好地提供服务

续表

角色	价值需求
活动组织者	获得旅行奖励、获得社交荣誉与社交实现价值、推广自身的旅行服务、认识更多的驴友、提高个人影响力
旅游内容生产者	满足分享游记、直播、挑战……的愉悦感、获得用户打赏、获得内容付费收益、提高个人知名度
圈子旅行	丰富高质的产品接入、个性有效的社交形式、多样化服务接入，不断增长的用户、不断扩大的社交圈、足够的数据记录

5. 形成核心功能清单

将目标用户需求的功能与各个角色需求的功能按功能模块梳理成文档，便于管理，也可以对功能列表进行优先级排序，编号助查，写清功能来源、目标效果等。

获得了产品功能清单后，就基本完成了产品的规划分析，这之后就要去形成相关的过程性文档，进入最后的评审环节。

第四节　过程性文档撰写

在互联网行业中，在需求分析、市场调研以及规划分析之后，往往以商业需求文档作为产品立项过程中的主要输出物。而电力公司的产品及项目立项的输出物与互联网行业有些许不同，电力项目的立项是以项目说明书或者项目可研报告作为相对应的输出物。不论是商业需求文档、项目可研报告或者是项目说明书，都是产品项目过程中最早出现的过程性文档，其核心用途就是作为公司高层决策评估产品项目是否开展的重要依据。

一、商业需求文档

（一）商业需求文档的概述

商业需求文档（Business Requirement Document，BRD）指产品立项过程中，以描述商业诉求（目标或价值）为主的需求文档。服务于产品在公司内部立项，提供给投资者、决策者及相关高层团队以作为商业预期立项时的评审依据。商业需求文档是产品生命周期中最早的文档，其内容涉及市场分析、销售策略、盈利预测等，一般比较短小精炼，没有产品细节。报告的撰写者必须让高层明白，报告中将展现出怎样的商业价值，如何用有力的论据来说服企业对这个项目的认可，并为之投入研发资源及市场费用。如果说产品需求文档的好坏直接决定了项目的质量水平，那么商业需求文档的作用就是决定了项目的商业价值。

（二）商业需求文档的撰写

1. BRD 的阅读对象

BRD 的阅读对象是公司高层，具体来说是对产品项目有决策权的公司高层，可能是产品总监、产品副总裁、CEO，也可能是公司的一个临时团队，如产品评审会（有的公司也叫产品审批委员会）。产品评审会的成员主要由产品团队负责人和各职能部门负责人组成，同时设有评审会主席（享有最终决策权）。

大型互联网公司一般一个月召开一次产品评审会，产品评审会的主要职责主要有以下四项：

（1）审批新产品项目。产品评审会要对所有申报的产品项目进行把关：商业价值不高的产品项目予以淘汰，避免资源的浪费；商业价值较高的产品项目予以立项，授权项目小组开发新的产品或产品功能。

（2）分配资源（主要是开发资源）。公司的资源往往没法保证所有获得审批的产品项目都能够在期望的时间马上进行，因此产品评审会还要负责合理地分配资源，让有限的资源发挥最大的效益。产品评审会必须解决多个项目资源冲突的问题，结合每个产品项目的优先级，平衡每个项目在不同阶段的资源需求，使资源尽可能投入到最有前景的项目中去。

（3）评估项目效率和项目效果。对于正在进行的产品项目，产品评审会要评估项目是否按计划正常进行；对于已经完成的产品项目，产品评审会要评估项目是否完成了预设的产品目标。

（4）给产品需求提出修改建议。如果产品需求的商业价值获得了肯定，但是产品需求本身存在缺陷，则产品评审会应该提出相关的修改建议，指导产品经理进一步完善产品需求。

产品评审会决定了产品项目的最终命运，因此产品经理在提交 BRD 做产品项目汇报之前，最好先与产品评审会若干重要成员进行简单的沟通和汇报，提前解决项目存在的问题。

2. BRD 的主要内容

BRD 是公司高层决策评估产品项目是否开展的依据，其内容和格式应该足够简洁、易懂，并且重点突出，为了满足这些要求，BRD 通常被做成方便演示的 PPT 文档。

提交 BRD 是为了争取公司高层对产品项目的支持，产品经理必须让公司高层明白开展这个项目的重要意义。文档内容要重点体现产品项目的商业价值，同时用各种有力的论据来证明商业价值，最终说服、打动公司认可该项目，并给予包括资源在内的各种支持。

围绕商业价值，BRD 通常会包括以下四部分内容：

（1）价值。价值包括产品能给用户带去的用户价值和产品能给公司带来的商业价值。这部分是整个文档的重点，用于解释为什么要开展这个产品项目。为了论证这些价值，往往还要对目标市场进行分析，包括目标市场特点、市场规模、竞争格局、市场时机，等等。

（2）产品。这部分主要说明项目的产品需求内容，即为了实现商业价值，产品应该做些什么，以及实施计划是怎么样的。如果是要开发一个新产品，那么文档还应该说明新产品的产品定位和愿景。通常来说，BRD 只关注项目的商业价值，不需要包含产品细节，但是对于互联网产品来说，规划的产品功能不同，它所能体现出来的价值也有很大的不同，所以很多公司仍然要求在 BRD 中对产品需求有详细的说明。

（3）成本。成本指的是所有可能因项目带来的成本。实际上，最终决定产品项目命运的并不是它的商业价值，而是它的产出投入比，即价值与投入的比。产出投入比例越高，项目就越有可能获得通过。

（4）风险。BRD 还要说明研发这些功能可能带来哪些风险，并且确定这些风险在一个可控的范围之内。

图 2-14 是一个常规化的 BRD 模板，BRD 本身并没有固定的内容格式要求。产品项目不同，BRD 表述的重点也应该有所不同。如一些产品需求范围特别小或商业价值显而易见的项目，可能只需要拿着三四页 PPT 文档就可以进行汇报，产品经理可以根据实际的公司情况和项目情况来确定 BRD 的具体内容。

BRD 文档格式根据产品不同会不断变化，但是常用的描述内容是固定的，只

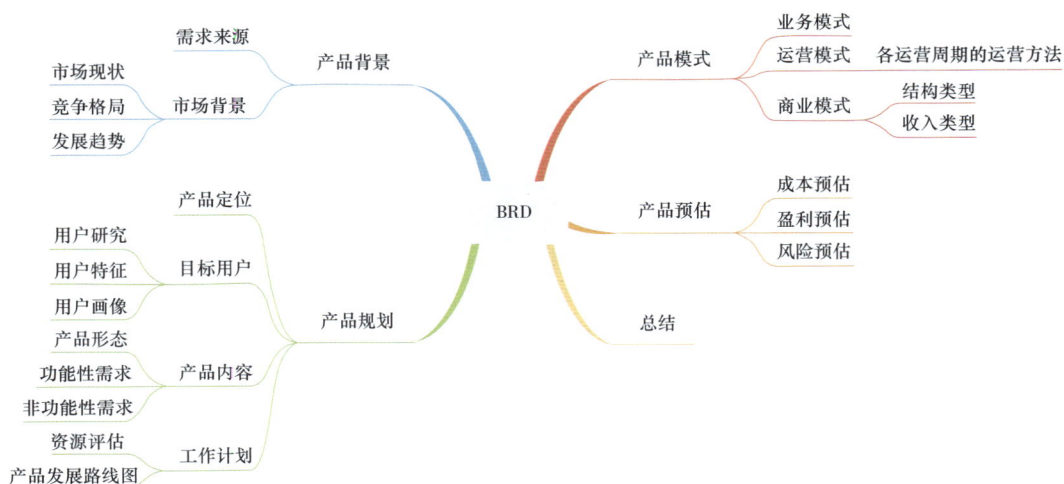

图 2-14　常规化 BRD 模板

是每篇 BRD 的侧重点可能不同。

二、项目可研报告及项目说明书

（一）编制对象

在电力项目的立项过程中，不同项目所需编写的成果输出物是不相同的。例如：投资在 200 万元及以上的营销项目需要编制项目可研报告，其余项目编制项目说明书即可。

（二）编制内容

项目可研报告与项目说明书实质上所展现的内容与商业需求文档是一致的，它们都是从必要性、风险性、项目效果、所需资源等方面来对产品及项目立项进行描述，但编制内容的颗粒度大小存在一定的差异。一般情况下项目可研报告的编制内容要比项目说明书更为细化且详实，项目可研报告的每一部分内容都为项目说明书的细化说明。如资金估算方面，项目说明书内只需给出估算金额及主要设备和材料的清单即可，项目可研报告需要编写费用估算书，对费用的投资金额及分配列表进行详实说明。项目可研报告目录如表 2-4 所示。

表 2-4　　　　　　　　　　　　项目可研报告目录

项目必要性	从现状、问题、技术、经济等方面论证项目的必要性
项目建设目标	结合现状和问题，提出项目建设目标
项目方案	提出项目内容、规模及方案，论证项目方案的先进性、合理性、可行性；制定项目实施时序
主要设备材料清册	对主要设备材料表进行明细说明
估算书	对各项费用的投资金额及分配列表说明
投资效益分析	从管理效益、经济效益和社会效益等方面分析

项目说明书的内容主要包括总论、项目必要性、项目规模及建设方案、主要设备材料清册、项目估算书、投资效益分析，具体内容模板如表 2-5 所示。

表 2-5　　　　　　　　　　　　项目说明书模板

项目名称		
项目类别		
项目申报单位（盖章）		
项目实施时间		
项目必要性	基本情况	

续表

项目必要性	问题及必要性			
项目内容和方案	目标和范围			
	实施方案			
项目投资估算（万元）				
项目经济性与财务合规性	经济性			
	财务合规性			
效益分析				

主要设备及材料

名称	规格及型号	数量	单价（万元）	合价（万元）

编制：　　　　　　　　　　审核：　　　　　　　　　　批准：

（三）面向对象

与互联网行业不同，电力项目立项形成输出物汇报的评审对象及流程较为固定，营销线下项目及零星项目可研报告（项目说明书）经评审通过，由省经济技术研究院出具评审意见；营销线上项目可研报告（项目说明书）由省公司营销部初评后上报经济技术研究院评审。

完成了项目的可研评审后，整个产品项目的立项就完成了。接下来，就要开始进入产品设计环节，本书第三章的内容将会详细介绍产品设计环节的相关内容。

第三章　产品设计

　　进行完项目立项工作，完成了一系列的用户需求分析、市场调研、规范分析和商业需求文档撰写工作后，产品经理需要着重关注客户高频迫切的真需求，排除低频轻微的伪需求，着手进行产品的设计。需求分析的有效性直接影响产品设计的效率和效果。越是精确的需求越容易设计实现，反之轻则费时费力，重则南辕北辙。产品设计主要指基于各项需求分析调研后的需求设计、原型设计、数据库设计、架构设计，并形成相应产品设计输出成果物，支撑项目经理（PM）、交互设计师（IxD）、UI 设计师（UID）、研发工程师（RD）、测试、运营等不同人员的各项工作。

第一节　产品需求设计

　　获取到用户的真实需求，知道了用户需要什么，接下来要考虑的就是如何满足需求。产品需求设计就是将需求分析中用户角度的"我要什么"转变为产品角度的"我怎么提供你要的"，具体工作则是进行产品的目录设计、场景设计和视觉设计，如图 3-1 所示。

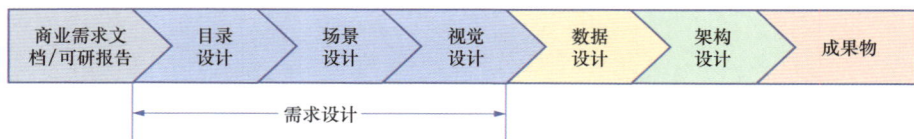

图 3-1　产品需求设计

一、目录设计

　　在讨论目录设计之前，需要先了解服务场景的概念。服务场景是产品需求文档中最重要组成部分，与用户场景不同，它是从用户角度出发，按照用户的某一个或某一类目的模拟一个场景，包含用户操作和前中后台的交互触点及跳转逻辑，并简要描述业务要求和工作内容等文字说明的文档。目录设计就是根据分析归纳后的真需求，梳理出相应的用户、场合、功能，将产品提供的服务以模块进行划分，形成系统化的服务场景目录。

服务场景目录的设计应当遵循以下基本原则：

1. 实用性原则

设计的服务场景需要具有实际的功能或服务，能够完成用户的目的或满足用户的需求。有些场景可能看似不能满足用户的真实需求，但是它是其他场景的前置条件或基础支撑，那么这样的操作行为或功能场景也应考虑为一个场景。

2. 独立性原则

场景之间应相互独立，可以有重叠但重叠部分需在每个场景都设计体现，并且需要注意的是场景不是越细越好，独立性不代表只能满足用户的一个需求或只达成一个目的，如果用户可以通过相似的操作或相关联的行为达成一类目的，那么这一类目的或功能就可放在同一个场景中。

3. 完整性原则

服务场景目录应涵盖产品的所有服务功能点，能够满足商业需求文档中的所有用户需求和提供相应的服务支撑。

4. 扩展性原则

产品完成开发正式上线后，应当能够支撑版本迭代，便于新需求的场景添加或者旧需求的场景移除。

服务场景目录的设计更加偏向于对需求分析结果的梳理和考虑，因此使用Excel 或者常见的思维导图软件都可以完成。常用的思维导图软件有 MindMapper、MindManager、Xmind、MindMaster、MindNode 等。

根据实际产品设计的规模大小，可将服务场景划分为服务大类 / 服务小类 / 服务场景或服务大类 / 服务场景。

从功能上，产品的服务场景可分为基本功能和核心功能。基本功能是满足用户基本需求过程的功能，比如用户要上网订外卖，则基础功能包括找饭店、找菜单、下单、付款等，这些功能都是为了满足最基础的订外卖的需求。基本功能是产品的必要条件，也是一个产品功能实现的最低要求，通常可以参考成熟的案例设计。

核心功能是在基础功能上，更好地满足用户最真实需求的功能。用户网上订外卖的真实需求是"简单、快速地买到自己想吃的食物"，核心功能就是满足用户更快、更便捷的订餐。核心功能是产品的立身之本，也是一个产品的上限，也是需要重点设计和强化的部分。不同定位的产品具有的核心功能不同，无论公司规模大小、资金能力是否雄厚，刚开始设计的核心功能一定要能够切实满足目标用户的痛点需求。

例如设计一款 App，用简单的分类方式可以大致分为图 3-2 所示的场景。

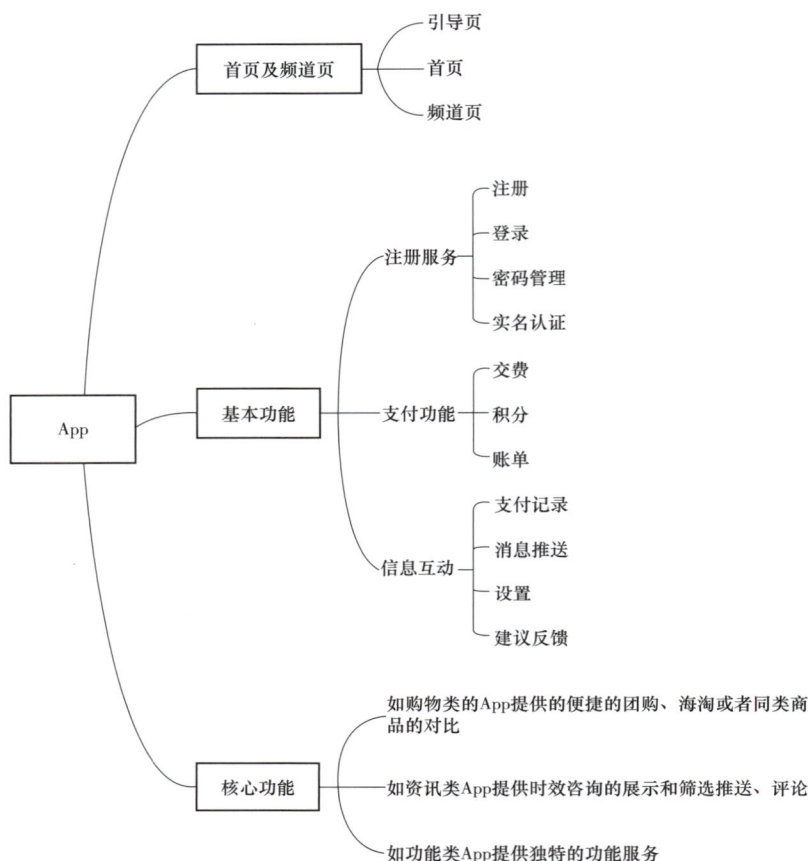

图 3-2　设计 App 的场景

图 3-2 中注册场景并不能实现用户的任何需求，但只有注册为会员后才能使用产品的相应服务或功能，它是其他场景的前置条件或基础支撑，那么注册也应看作一个单独的场景。再如密码管理，既要考虑到密码的修改和找回功能，又要考虑给用户提供更加便捷的登录方式，如手机动态密码登录、手势登录、指纹登录、人脸识别登录、声纹登录等。

以掌上电力（2019 版）App 为例，服务目录可以大致分为 135 个服务场景，如图 3-3 所示。

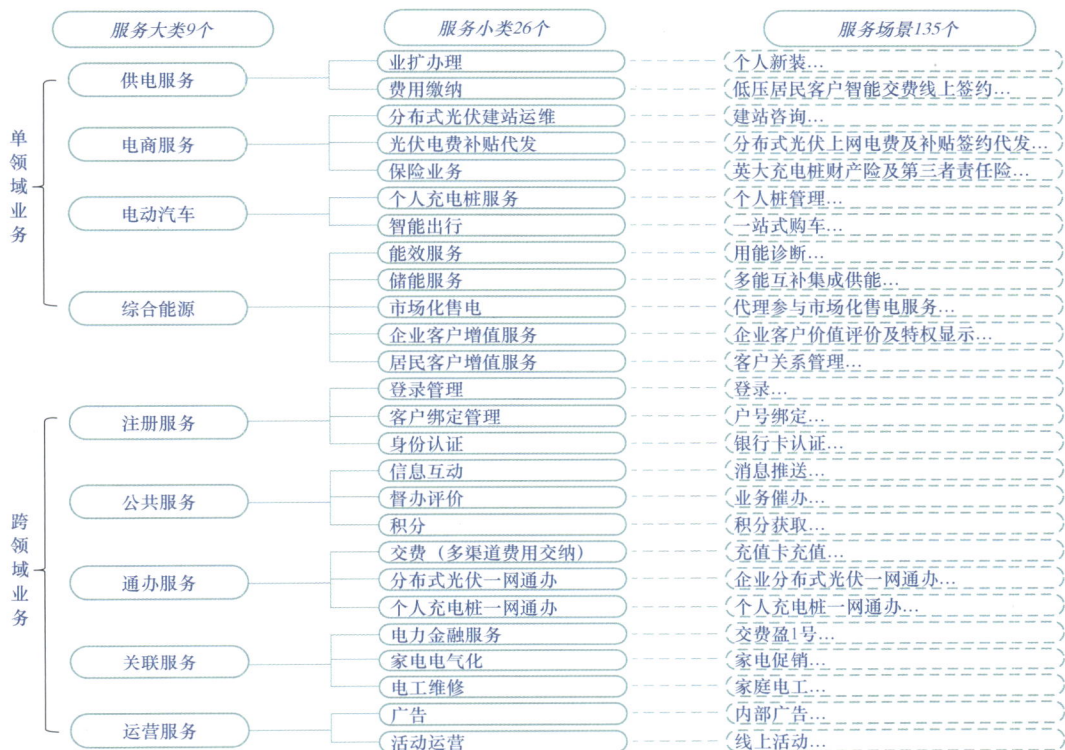

图 3-3 掌上电力（2019 版）的服务目录

二、场景设计

确定服务目录后，便可逐个设计对应场景。基本功能场景能够提供的服务相差不大，市面上已有非常多的优秀的成功案例，设计时可以参考多个主流设计方案进行筛选整合；核心功能若市面上已有相关竞品，则可以参考竞品的场景设计进行优化；若是全新的服务功能，解决对应用户尚未解决的痛点，那么在完善提供服务满足需求的同时要重点考虑用户操作过程中的使用体验，如提升流畅度、加强引导性、降低学习成本等。

（一）设计原则

服务场景设计的最基本原则是支撑或满足用户的某个或某类需求，除此之外还应考虑以下原则：

1. 可用性原则

保证服务场景业务流程的清晰性、流程的流畅性、流转的完整性、功能的容错性。

2. 易用性原则

优化流程环节，缩短用户业务时限，优化操作界面，提升用户体验感。

3. 准确性原则

精确采集用户业务数据，去除非必要数据采集，持续完善用户信息数据，便于后续的推广运营和精准营销。

4. 关联性原则

场景与场景之间存在各种关联关系，如因果关系、主次关系、反馈关系等，在设计某个场景时需考虑与其有关联的场景，体现在流程图和关联场景说明中。

（二）设计流程

确定了用户需求，制定了场景目录，明确了设计原则，接下来就是细化场景目录中每一个场景的设计。总体设计流程可以分为描绘服务蓝图、编写业务优化说明、确定内容需求和互动信息。

1. 服务蓝图

服务蓝图本质仍然是业务流程图，是以用户视角为出发点、以服务流程为中心的带泳道的流程图，将各个环节按实际在泳道之间流转（用户、前台、中台、后台、支撑），用以明确各个触点环节具体发生的架构和对应的支撑，体现前端与用户之间、前端与中台、后台之间的交互逻辑。服务蓝图拥有用户行为、前中后台、支撑五个泳道。

以掌上电力（2019 版）的注册功能为例，流程图如图 3-4 所示。

（1）用户行为泳道。用户泳道为用户需要进行的所有操作，如在网站、在 App 上需要的点击、输入信息、拍照、扫码等行为。在该泳道，环节越精简越好，减少用户的操作成本，提高用户对产品的接受程度。

（2）前台泳道。前台是直接和用户沟通，与用户和顾客直接互动的岗位，如在线客服、电话客服、实体店接待人员等。在该泳道，当用户在产品自助操作无法达成目的或操作困难时，前台及时提供针对性服务。

前台泳道必须精准设计，如环节过多，线下成本高，则用户容易产生厌烦抵触心理；环节过少，缺少有效引导手段，用户无法达成目的，也会增加跳出率。

（3）中台泳道。当项目较大，使用分布式设计时，一般会引入中台，用以协调前后台多个模块之间数据的封装、流转，权限的过滤等。如阿里公司拥有的业务中台和数据中台；掌上电力（2019 版）App 建立了共享服务中台；2018 年腾讯也成立了云与智慧产业事业群（CSIG）和技术委员会，宣布打造技术中台；2019 年字节跳动也被曝出正在搭建"直播大中台"。

（4）后台泳道。后台的作用是对业务和交易的处理和支持，所有数据都存在后台，供中台调用给前端，一般把所有类型的数据库算在后台。

（5）支撑泳道。支撑是在产品设计架构之外的系统或平台，用于支持相关场景

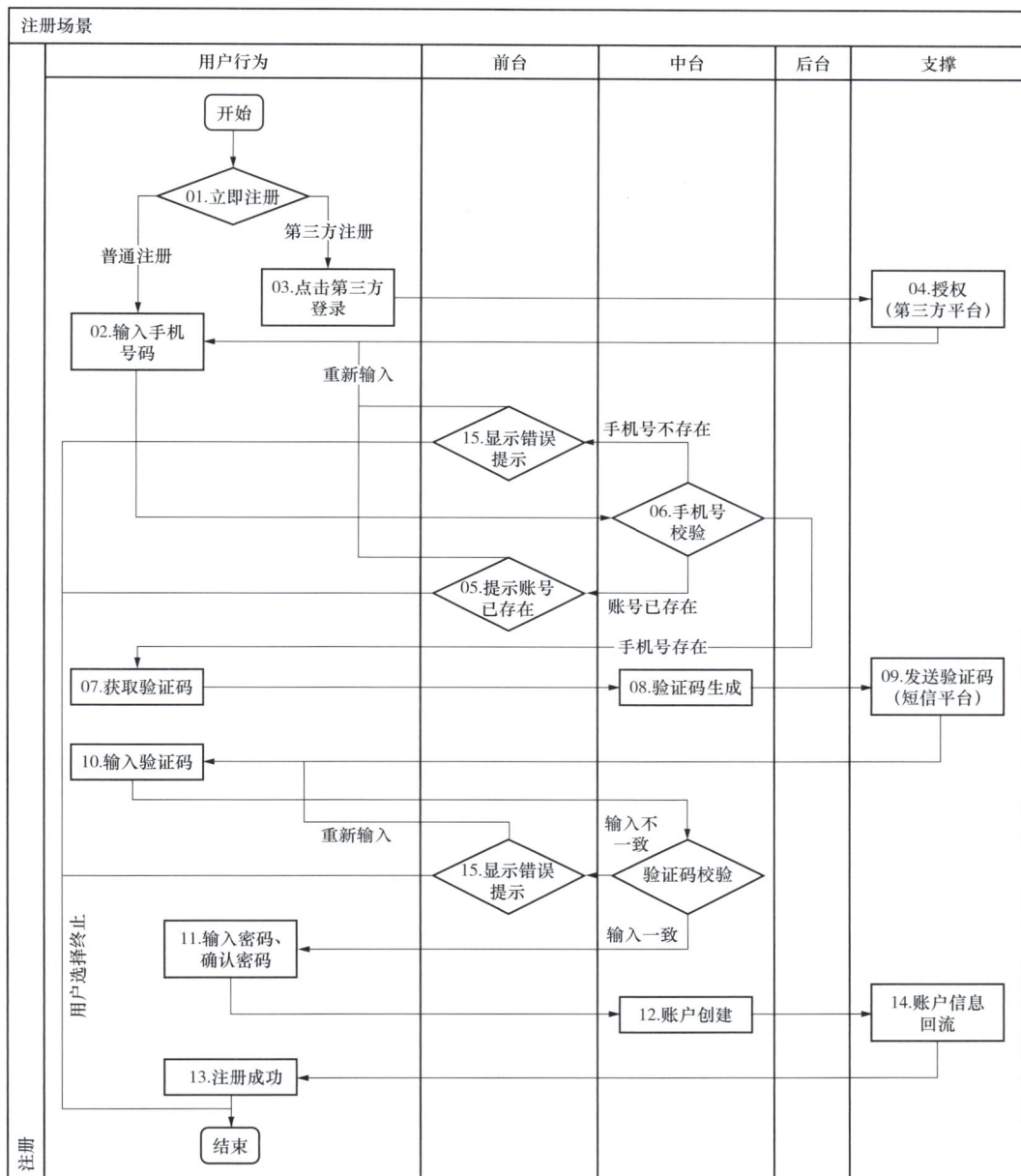

图 3-4　掌上电力（2019 版）注册场景

的功能或服务，如物流公司对于电商就属于支撑泳道。

2. 业务优化说明

业务优化说明针对项目立项环节所明确的用户需求而进行，在设计服务蓝图的同时，产品经理将需求按步骤拆解了一遍，明确在各个环节中。业务优化说明需要将其中有关业务部分的优化内容进行文字说明与补充，例如新增、精简、调整等情况描述，以及对优化后的工作要求、需调整的岗位职责、配套制度修订情况进行说明。其中，精简、调整都是后续版本迭代时编写，新产品设计时一般只有新增（也可对竞品进行优化、调整）。

同样以注册功能为例：原有注册流程中，要求输入用户名和手机号，密码确认与手机号确认页面均同一个页面，且没有重复输入密码等防错措施，整体用户感知和主流的 App 相比仍有差距，因此进行了如下优化：

（1）精简的流程环节：删除原注册流程中的用户名输入项，统一改为手机号码为用户名。

设计依据：①降低用户记忆成本，当用户使用多种用户名在不同的软件、网站注册后，会加重用户的记忆负担，统一改用手机号码为用户名，既好记又不易出错。②可以间接实名，国家正在推进网络实名制，因此可以通过已经普及的手机实名制来间接实名。③便于注册和密码找回，使用手机验证码进行注册和密码找回，比用邮箱、自设问题等方式进行找回要便捷许多，用户接受程度也高。

（2）调整的流程环节：将原有信息统一填写流程拆分为先填写手机号后填写密码。

设计依据：原有设计方案中，手机号、密码、验证码在同一个页面中，当发生用户手机号码不存在或已注册的情况时，需要先输手机号、密码和验证码，提交后才能得到输入有误的提示；但若将手机号、验证码与密码填写步骤拆分为两个页面，当发生用户手机号码不存在或已注册的情况时，在无需填写密码的情况下就会提示错误信息，当手机号码通过验证后，再进入下个页面进行输入密码，可以减少无效操作。

（3）新增的流程环节：新增确认密码输入项。

设计依据：市面上注册环节中只需输入一次和需输入两次的产品案例都存在，本产品在安全性和便捷性中倾向于安全性，即增加一次密码输入的校验步骤。

3. 内容需求

如果说服务蓝图和业务优化说明是一幅画的构思构图，那么内容需求就是细节刻画，内容需求描述得越详细、越全面，转达给 UI 设计师（UID）、研发工程师（RD）、测试人员、运营人员的信息越准确，落地的产品越符合预期。内容需求有很多，包含但不限于业务需求、时限需求、接口需求、数据需求。

（1）业务需求。业务需求是对该场景提供的业务或服务中需要加以说明的部分，便于交互设计和研发开发，一般包含但不限于业务流程的补充说明、业务规则、设计约束等内容。以注册场景为例，业务需求如下：

1）登录密码为 8~20 个字母和数字组合。

2）手机号码规则以每年工信部公布的手机号码段清单为准。

3）校验手机号是否已经注册过。

4）注册协议默认已勾选。

5）已注册过就不需要再进入输入密码界面；手机号验证通过后即可完成第三方授权，完成登录。

6）新增确认密码输入项，两次密码输入要求一致。

7）验证码为 6 位数字。

8）第三方登录方式有微信、QQ、微博，仅点亮已安装的第三方应用，若均未安装则灰色显示。

（2）时限需求。时限需求主要指需要重点说明的不同触点之间的跳转时限要求，或者业务流转之间的时限要求。以注册场景为例，时限需求如下：

1）验证码要求 60 秒内只能发送一次。

2）验证码有效期为 10 分钟，成功使用一次或 10 分钟后验证码无效。

（3）接口需求。接口是计算机系统中两个独立的部件进行信息交换的共享边界。一般接口分为硬件接口和软件接口。硬件接口是指同一计算机不同功能层之间的通信规则，如通信协议、硬件响应时间、信息交互精度等。软件接口是指对协定进行定义的引用类型，如接口内容格式、设计约束等。接口需求更偏向于研发方面，建议联系研发工程师（RD）一同设计。

（4）数据需求。数据需求主要指业务办理、系统功能流转与统计分析各方面所需的数据内容及格式要求。在业务办理及系统流转过程中必须要的数据交互内容及格式，如工单派发过程中，所需的工单编号、工单状态、用户信息、工单信息等内容及格式要求。而在业务统计分析所需要的多维度数据内容及格式要求，则包括不限于各类业务分类维度、时间标识等信息，如注册渠道、操作日志埋点等。

数据需求更偏向于运营分析方面，建议联系运营人员一同设计。

4. 互动信息

互动信息就是在产品中所有给用户展示的提示或反馈信息，主要包括进度查询、业务办理须知、流程环节办理指南、报错提示等信息，互动信息比较多的场景也可以表格形式列出。以注册场景为例，主要互动信息如下：

1）点击发送验证码，校验手机号是否已注册，若已注册则提示：您输入的账号已被注册，请核对并重新输入。

2）点击发送验证码时若未输入手机号，则提示：请您输入手机号。

3）点击下一步时进行完整性校验，若未输入手机号 / 验证码、未勾选阅读并同意注册协议则进行相应提示：请您输入手机号 / 请您输入验证码；您还未阅读并同意注册协议。

4）输入手机号与验证码相匹配，若不匹配则提示：您输入的验证码有误。

5）发送验证码后，验证码生效时间为 10 分钟，若失效则提示：您输入的验证码已失效（10 分钟有效），请您再次获取验证码。

6）输入手机号与验证码相匹配，若不匹配则提示：您输入的验证码有误。

三、视觉设计

视觉设计与场景设计可以同步进行，此时还未细化设计到具体产品的页面布局，但需制定视觉设计规范（UI 规范）。视觉设计规范是页面设计过程中的一套设计标准，根据统一的设计标准，使得产品在视觉上统一，保证用户体验观感的一致性。一个项目中往往会有多名设计师共同参与，每位设计师都有各自的风格，若无统一的 UI 规范，UI 设计师按自己的个人风格设计，容易造成视觉不统一，做出的产品充满"混搭"风。基于架构严谨、规则统一的体系框架，产品表现层面的设计工作可以逐渐实现模块化运作，从而让视觉设计工作变得更加高效。

视觉设计规范主要包括设计原则、颜色色板、字体规范、图标、各种控件、距离规范和页面适应等。

（一）设计原则

视觉设计有五项参考原则，分别是平衡、比例、秩序、强调和统一。在不同的产品设计中，侧重的原则不一样，如在设计一份报纸时，侧重点在文章新闻的可读性、信息获取的便捷性上，那么五项原则侧重点在强调和统一上，统一增加文章新闻的可读性，强调增加了信息获取的便捷性，平衡、比例和秩序则起到辅助支撑的作用，所以行距、字间距、字体、颜色等所有的细部处理应该是设计时需要主要关注的问题。再以设计一份海报为例，"强调"无疑是最需要考虑的原则，即如何以一种更具娱乐效果的方式推销产品和如何取悦各种类型的受众。一张好的海报应该能吸引路人停下脚步，甚至能一瞬间激起人们想要把它从墙上撕下来带回家的冲动。

1. 平衡原则

平衡对于产品外观和整体的意义，就像世界运转和自然进化的规律一样，是本质所在。当设计元素之间的平衡被打破时，会让使用者感觉不协调、不自然，甚至让整个产品看上去混乱不堪。通过对称达到平衡是较为传统和常见的方式，可以让设计看上去稳定协调；而通过不对称的方式达到平衡则会让产品更加新鲜、有趣。

2. 比例原则

比例是产品中的某个元素与整个产品布局，或者其他元素间的相互关系。常见的比例有三分法，即将一个初始布局分成 1/3 和 2/3 两部分设计，面积较大的部分在空间中占主导地位，往往是需要着重强调的部分。还有一种是对称法，通过比例均匀的排版将所有元素按顺序设计，这样的设计更加正式、传统，但也会因此失去用户的视觉焦点。

3. 秩序原则

秩序指的是用户获取信息的顺序，了解一般大众的信息获取方式，遵从主流产品设计的规则，既能帮助更好地策划、设计产品，也能减少用户的学习成本。常见的获取信息方式是从左向右，从上到下移动，因此大多数文字排版、图片、网页、App 都是按照这种顺序设计的。当然也可能因为颜色对比，视觉比重，故意设计明显的指示或一切其他因素而发生变化，通过此类设计可以使用户在常规的阅读过程中自然地获取产品想展示的信息。

4. 强调原则

强调是指突出在产品设计中最想给用户展示的元素，每个产品都需要一个可以强调的元素，可能是这个产品的核心价值，用以解决用户的痛点、痒点、热点，或者单纯想吸引用户的注意力，引起共鸣。一个产品如果没有可强调的元素，必然是失败的；但如果处处都要强调，也一样不成功，因为设定了过多强调的重点，冲淡设计中所有强调的效果。如一篇新闻，用户不可能从头至尾一字不落地阅读完，而是仅仅阅读了标题、摘要和图片，因此这些元素才是要设计考虑进行强调的部分。常见的强调方法有尺寸变化、不平衡放置、色彩突出、隔离、对比、模糊和聚焦（此方法图片或摄影上常用）等。

5. 统一原则

统一是指产品设计中的所有独立元素全面的凝聚和结合。如果设计一个网站，那么标题、正文、图片、链接等都应该协调统一；如果设计一个 App，那么文字、图片、按钮、配色和其他设计细节都应该相互保持融洽和协调。常用的建立统一方式有横跨、色彩、字体样式、相似结构等。

（二）颜色色板

颜色色板就是产品设计过程中将要使用的一些预设配色方案，在确定颜色色板前，需要先了解色相、明度、饱和度等一些基本的概念。色相（色调）是指色彩相貌（如红橙黄绿青蓝紫等），明度（亮度）是指颜色的明暗程度，饱和度（纯度）是指色彩的鲜艳程度，如图 3-5 所示。

不同的颜色蕴含不同的情感，配色方案需要根据产品设计的目标主题因地制宜。在常规的认知中：

红色代表热情、活泼、张扬，但同时也有警示的意思。

橙色代表时尚、青春、动感。

蓝色代表宁静、自由、清新，同时也代表沉稳，安定与和平。

绿色代表清新、健康、希望，象征安全、平静、舒适之感。

紫色代表神秘、高贵、优雅。

标志色 背景色	全彩	黑	黄	白	红	金	银
背景明度 0%							
背景明度 0%~20%							
背景明度 20%~40%							
背景明度 40%~60%							
背景明度 60%~80%							
背景明度 100%							

（a）色相　　　　　　　　　　　　　（b）明度

图 3-5　色相和明度

黑色代表深沉、压迫、庄重、神秘。

灰色代表高雅、朴素、沉稳。

白色代表清爽、简单、轻松。

粉红代表可爱、温馨、娇嫩、青春、明快、浪漫、愉快。

棕色代表健壮、沉稳、可靠、朴实。

银色代表尊贵、纯洁、永恒、神秘、冷酷。

不同地域对颜色的常规认知也会有不同，如红色在东方象征喜庆，而西方则象征牺牲；黄色在东方象征皇权，在西方基督教则象征耻辱。

颜色色板的设计有三大常用配色方法，分别是通过色相差进行配色，通过色调调和进行配色，通过对比色进行配色。

颜色色板的设计可以学习和借鉴市面上成熟产品的配色方案，并且有些类型的产品已经有些惯用的设计思路，如淘宝、京东、拼多多这类电商 App，惯用红色、橙色等暖色调作为主体色（见图 3-6），代表激情、冒险、冲动，容易引起消费的欲望。

如支付宝 App，惯用蓝色这样的冷色调作为主体色（见图 3-7），代表安全、信任、科技感和理性。

使用 Material Palette 工具（https：//www.materialpalette.com/）可以在线轻松地进行颜色色板的搭配设计。

以供电企业掌上电力（2019 版）为例，其颜色色板如表 3-1 所示。

图 3-6　电商 App 的配色

图 3-7　支付宝 App 的配色

表 3-1　　　　　　　　　　掌上电力（2019 版）颜色色板

色板	色号	使用场景
	#0C82F1	主色调，用于特别需要强调和突出的文字、按钮和图标
	#333333	用于重要及文字信息、内容标题信息
	#5C5C5C	用于辅助、次要的文字信息、次级图标等
	#CCCCCC	用于占位符的文字信息
	#F7F8FA	用于内容区域底色
	#FFFFFF	用于多数背景色和白色文字
	#EFF0F0	分割线颜色
	#FC6D53	用于强提示信息文本色
	#0DC8A1	
	#5987FF	
	#E8EEFF	辅助色，用于彩色图标和一些特殊场景
	#FF9659	
	#FFE996	
	#FB7373	

（三）字体规范

产品设计中如果涉及了文字的排版和显示，就少不了字体的规范。字体规范规定了不同字体、字号、字重、行高、字色、使用场景、个别特殊背景色等要求，提升产品整体的信息表达效果。

（四）图标

图标的设计目的很明确，即在节约布局空间的同时快速而直观地引导用户进入其想浏览的具体层级，避免增加不必要的文本描述。图标具有高度浓缩并快速传达、便于记忆的特性，规范统一的图标设计原则让用户能更容易辨识和使用图标。

以供电企业掌上电力（2019 版）为例：在设计上采用轻拟物风格的图标，通过轻微的阴影、透视、渐变等手段表现出真实世界的物体形态，让用户对功能快速产生更清晰的联想。

主功能区图标（35×35）如图 3-8 所示。

图 3-8　主功能区图标

辅助图标（35×35）如图 3-9 所示。

图 3-9　辅助图标

导航栏图标（选中/非选中）（22×22）如图 3-10 所示。

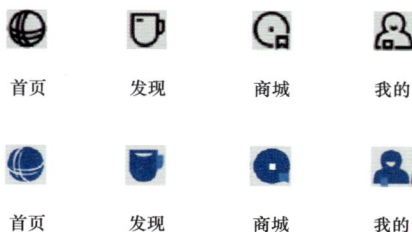

图 3-10　导航栏图标

（五）控件

控件就是在产品的布局界面中加载各种信息的组件，常见的控件有导航、按钮、弹窗、列表、选择器、搜索栏、弱提示、错误提示，等等。

以供电企业掌上电力（2019 版）为例，有如下控件：

（1）导航。导航是确保用户在网页中浏览跳转时不迷路的最关键因素，如图 3-11 所示，告诉用户，当前在哪、可以去哪、如何回去等问题。

图 3-11　导航控件

（2）按钮。按钮是页面中的主要行动点，引导用户进行相应操作，如图 3-12 所示。按钮应该醒目突出，有吸引用户点击的冲动，并在点击后给予相应的反馈。

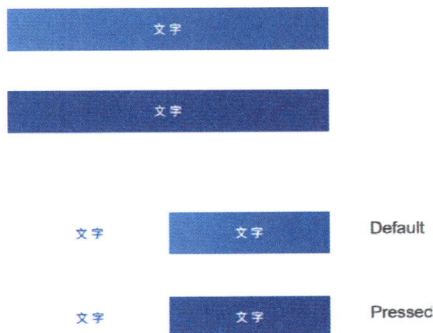

图 3-12　按钮控件

（3）弹窗。弹窗是在当前页面下弹出的带有提示、选择、输入等操作的信息窗口，需要用户进行操作，如提示弹窗、选择弹窗等（见图 3-13）。

（4）列表。列表是一种常用的信息组织形式，它将内容划分成一排一排，每一排都去到一个详情页面展示更多信息，如图 3-14 所示。

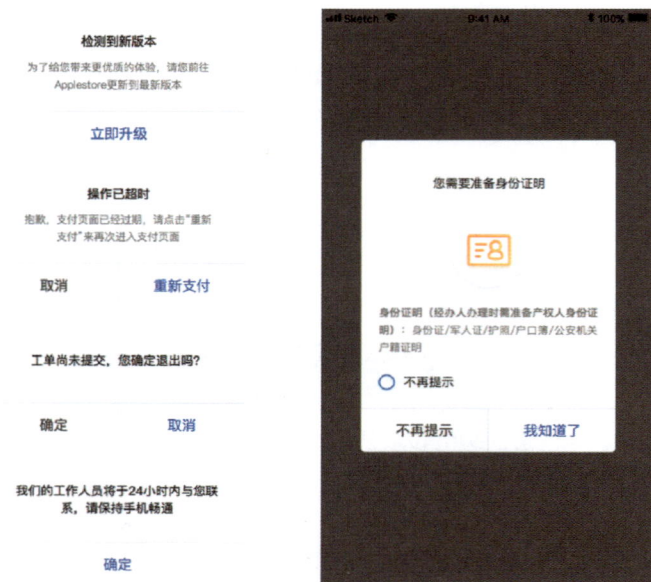

图 3-13　弹窗控件

图 3-14　列表

（5）选择器。选择器提供一组预设的数据，让用户通过选择完成输入或者设置，如图 3-15 所示。

（6）搜索栏。搜索栏让用户可以在大量的信息中快速找到自己想要的内容，如图 3-16 所示。

（7）弱提示。弱提示是一种比较轻量的操作反馈或者提示信息，不打断用户当前操作逻辑，如图 3-17 所示。

（8）错误提示。错误提示是在跳转或提交等操作出现错误时的提示，需要及时给用户反馈错误原因，降低操作挫败感，如图 3-18 所示。

图 3-15　选择器

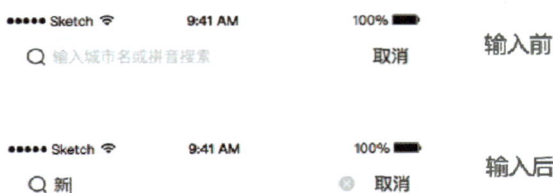

图 3-16　搜索栏

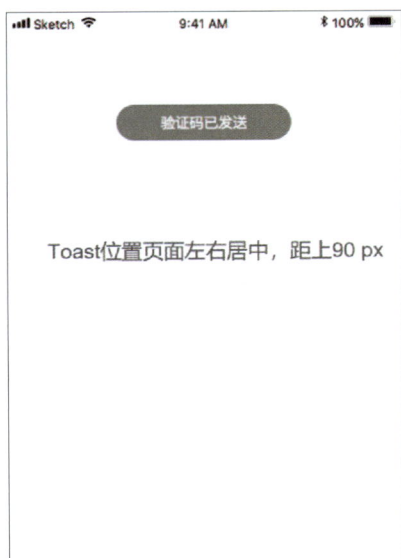

图 3-17　弱提示

图 3-18　错误提示

（六）距离规范

统一的距离规范让界面看起来更加整齐有序，便于用户识别读取信息。距离规范要保证在同一页面中展示的信息要素不能太多、太过杂乱。

以供电企业掌上电力（2019 版）为例，其距离规范包括页面间距和控件间距。

（1）页面间距。页面间距是内容区域距左右边缘、卡片之间的距离，如图 3-19 所示。

（2）控件间距。控件间距是不同控件、表单数据之间的间距，如图 3-20 所示。

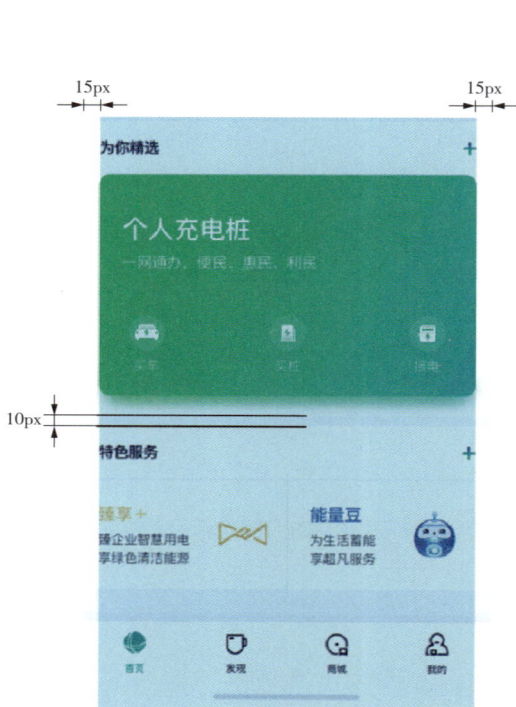

图 3-19　页面间距

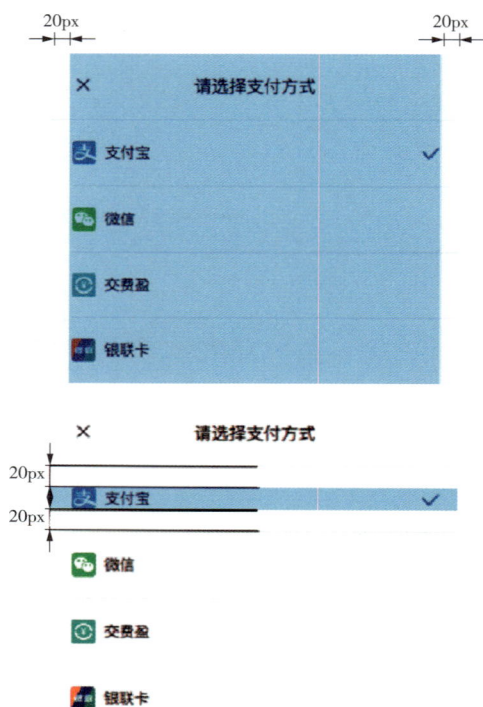

图 3-20　控件间距

（七）页面适应

页面适应是为了针对不同的终端形式和显示类型而规定的兼容性适配，通过动态定位、缩放等方式灵活配合后，使产品能够在更多样的分辨率下提供支持，如图 3-21 所示。

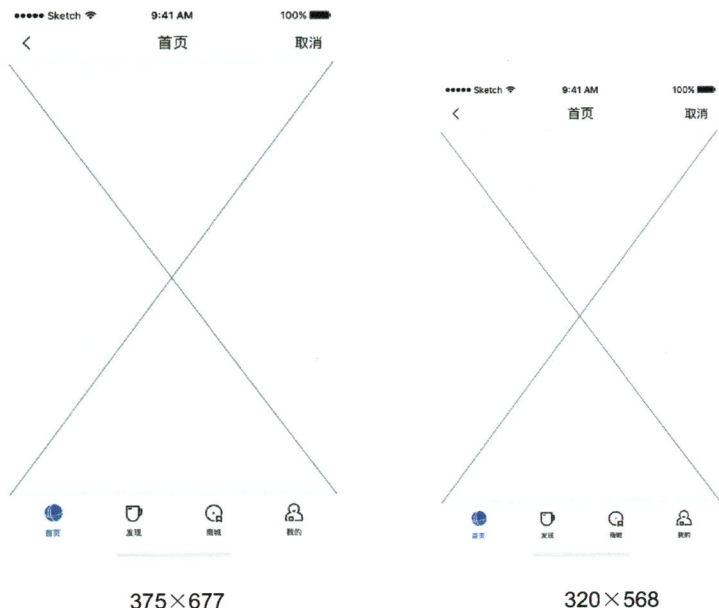

375×677　　　　　　　320×568

图 3-21　页面适应

第二节　产品原型设计

在场景设计中，服务蓝图体现了服务场景中所包含的所有跳转逻辑，而产品原型设计就是将用户与前端的所有跳转逻辑与界面显示单独罗列出来，进行相关的设计，具体包括交互的原型设计和高保真的原型设计。

一、交互原型设计

交互设计（Interaction Design，IXD）是定义、设计人造系统的行为的设计领域，它定义了两个或多个互动的个体之间交流的内容和结构，使之互相配合，共同达成某种目的。

自从 20 世纪 40 年代第一台计算机诞生以来，现代意义的交互设计就已经出现了，到了 20 世纪 80 年代，关注交互体验的新兴学科——交互设计正式兴起，当时被称作软面（Soft Face），后改成 Interaction Design，设即交互设计。

现在交互设计逐渐发展成为一种理念，就是将信息和通信技术看成一种新的艺术媒介，从人的需求出发，分析发掘潜在的用户需求和技术的成熟性、经济性之间的最佳匹配点。为开发指明方向，基于技术的潜能设想和实验新的生活样式，提供更好的用户体验。

（一）常用工具

目前市面上有许多交互原型设计工具，并且相关的使用教材教程非常详细。因篇幅原因，本书仅介绍几种常见的交互原型设计工具，具体使用方法请读者自行查阅相关资料。

1. Axure RP

Axure RP 是一款专业的快速原型设计工具，能快速、高效地创建原型，同时支持多人协作设计和版本控制管理，可以说是市面上最强大的交互设计工具。

Axure RP 的特点是功能强大，同时支持多人协作、共享。但也因此 Axure 的学习成本较高，需要一定的时间和经验积累才能灵活运用。

2. Sketch

Sketch 也是进行网页、图标以及界面设计的一款非常普遍的交互设计工具。Sketch 还可以进行矢量绘图应用。除此之外，Sketch 同样添加了一些基本的位图工具，如模糊和色彩校正。

Sketch 的特点是轻量级、入门门槛低，但需注意 Sketch 只有 Mac 版本。

3. Mockups

Mockups 是一款 Adobe Air 应用程序，可轻松实现线框图交互。

Mockups 的特点是界面简单，使用手绘风格的元素和手写字体。

4. 墨刀

墨刀是一款在线原型设计工具，使用者能够快速构建移动应用产品原型，并向他人演示。

墨刀的特点是在线设计，无用户端，专注移动应用的原型设计，并且全部功能都进行了模块化。

（二）设计方法和原则

交互设计虽然涵盖了 Web 站点、移动应用程序等类型，但依然存在一些可供所有设计人员借鉴的方法。常见的设计方法有目标驱动设计、尼尔森十大交互设计原则、认知心理学。

1. 目标驱动设计

阿兰·库珀（Alan Cooper）最早在他的著作 *The inmates are running the asylum: why high-tech products drive us crazy and how to restore the Sanity*（1999 年出版）中提出了目标驱动的设计方法。阿兰将目标驱动设计定义为一种"把解决问题作为最高优先级"设计。换句话说，目标驱动设计首先关注的是满足最终用户的特定需求和愿望，相对于旧设计方法，更侧重于技术方面的可行性。

2. 尼尔森十大交互设计原则

尼尔森十大交互设计原则称为启发式的可用性原则，因为它们是广泛的经验法则，而不是特定的可用性指导准则。在实际交互原型设计中，需要做的是参考尼尔森交互原则，结合产品实际情况进行设计。

（1）状态可见原则。系统应该让用户时刻清楚当前发生了什么事情，也就是快速让用户了解自己处于何种状态、对过去发生、当前目标以及对未来去向有所了解，如图 3-22 所示。一般的方法是在合适的时间给用户适当的反馈，防止用户使用出现错误。

图 3-22　状态可见

（2）环境贴切原则。软件系统应该使用用户熟悉的语言、文字、语句，或者用户熟悉的概念，而非系统语言。软件中的信息应该尽量贴近真实世界，让信息更自然，逻辑上也更容易被用户理解，如图 3-23 所示。

（3）用户可控原则。用户常常会误触到某些功能，此时应该让用户可以方便地退出。这种情况下，应该把"退出"按钮做的明显一点，而且不要在退出时弹出额外的对话框。用户发送消息时，总会有他忽然意识到自己不对的地方，这个叫作临界效应，所以最好支持撤销 / 重做功能，最常见的就是页面左上角或右上角统一的返回键，如图 3-24 所示。

（4）一致性原则。对于用户来说，同样的文字、状态、按钮，都应该触发相同的事情，遵从通用的平台惯例。产品的一致性通常包括结构一致性、色彩一致性、操作一致性、反馈一致性和文字一致性五种，如图 3-25 所示。

图 3-23　环境贴切

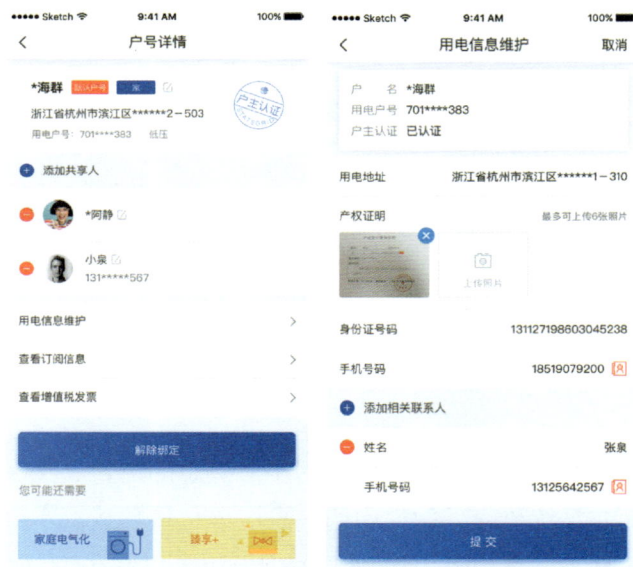

图 3-24　返回功能

视觉规范中的各种约束条件，就是为了让产品设计满足一致性原则。

（5）防错原则。尽量减少用户对操作目标的记忆负荷，动作和选项都应该是可见的。用户不必记住一个页面到另一个页面的信息。系统的使用说明应该是可见的或者是容易获取的。

如图 3-26 所示，发送验证码前，"下一步"按钮置灰，验证码输入后，"下一步"按钮高亮。

图 3-25　一致性原则

图 3-26　防错原则

（6）易取原则。通过把组件、按钮及选项可见化来降低用户的记忆负荷，用户不需要记住各个对话框中的信息。使用指南应该是可见的，且在合适的时候可以再次查看，如图 3-27 所示。

（7）灵活高效原则。中级用户的数量远高于初级和高级用户数，设计为大多数用户服务，不要低估，也不可轻视，保持灵活高效，如图 3-28 所示。

（8）优美且简约原则。对话中不应该包含无关紧要的信息。在段落中每增加一

图 3-27　易取原则（以帮助说明为例）

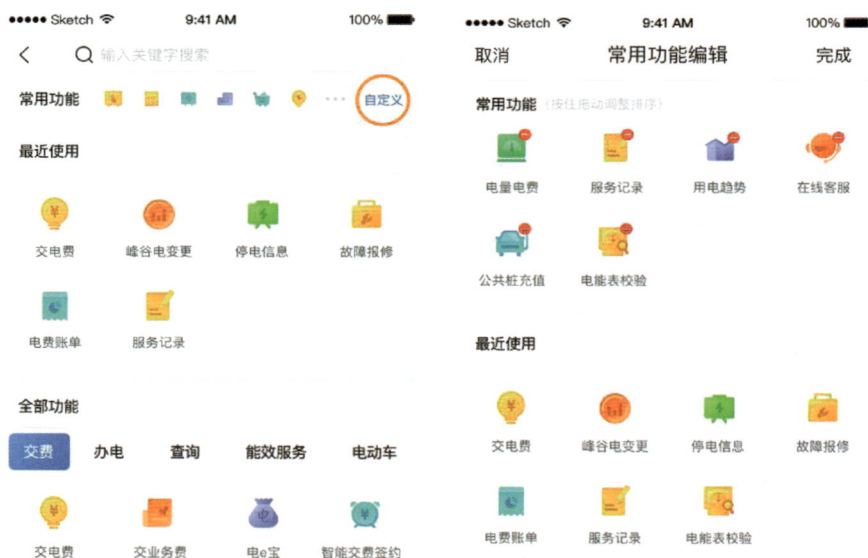

图 3-28　灵活高效原则

个单位的重要信息，就意味着要减少相应的弱化一些其他信息。用户浏览信息的动作不是读，不是看，而是扫。易扫，意味着突出重点，弱化和剔除无关信息，如图 3-29 所示。

（9）容错原则。帮助用户从错误中恢复，将损失降到最低，如图 3-30 所示。如果无法自动挽回，则提供详尽的说明文字和指导方向，而非代码，比如 404。

图 3-29 优美且简约原则

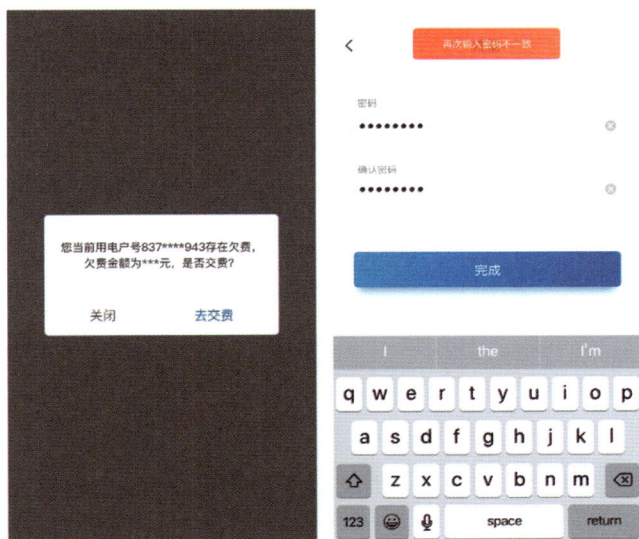

图 3-30 容错原则

（10）人性化帮助原则。帮助性提示最好的方式是：①无须提示；②一次性提示；③常驻提示；④帮助文档。即使系统不适用帮助文档是最好的，也应该提供一份帮助文档。任何帮助信息都应该可以方便地搜索到，以用户的任务为核心，列出相应的步骤，但文字不要太多，如图 3-31 所示。

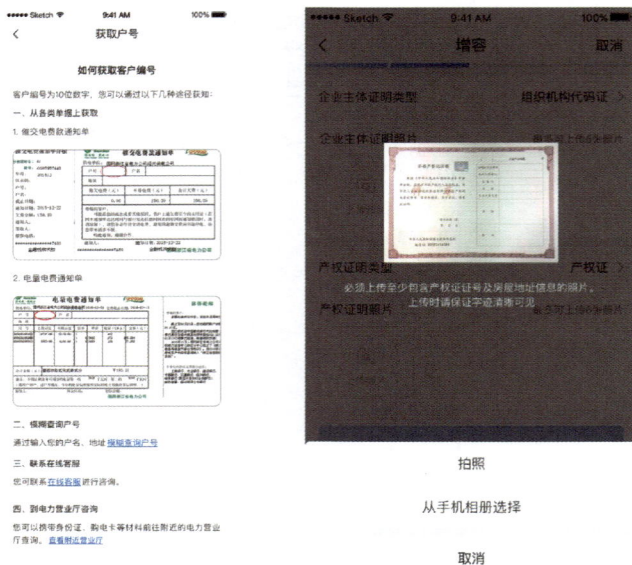

图 3-31　人性化帮助原则

二、高保真原型设计

（一）概念

高保真原型是 UI 设计师以服务场景设计说明书和交互原型为依据做出的 UI 效果图。

UI 指的是 User Interface，用户界面，也称人机界面，指用户和某些系统进行交互方法的集合，现在泛指用户的操作界面，包含移动 App、网页、智能穿戴设备等。是 UI 是视觉上的东西，凡是肉眼看得到的通过设计师的设计与绘画得到的视觉产物，即是 UI。

交互原型可以称为低保真原型，关注重点是功能细节、交互细节以及跳转逻辑。高保真原型在保持上述交互原型功能的基础上，提供更多的视觉细节，降低了各部门之间的沟通成本。研发在开发过程基本可以参照高保真原型做出最后的产品视觉效果，测试人员也可直接参考高保真原型编写测试用例。

（二）常用工具

因为是以交互为基础设计的高保真原型图，故推荐使用 Axure RP 和 Sketch。

1. Axure RP

Axure RP 是一个专业的快速原型设计工具，能快速、高效的创建原型，同时支持多人协作设计和版本控制管理，可以说是市面上最强大的交互设计工具。

Axure RP 的特点是功能强大，同时支持多人协作、共享，如图 3-32 所示。但也因此 Axure 的学习成本较高，灵活运用需要一定的时间和经验积累。

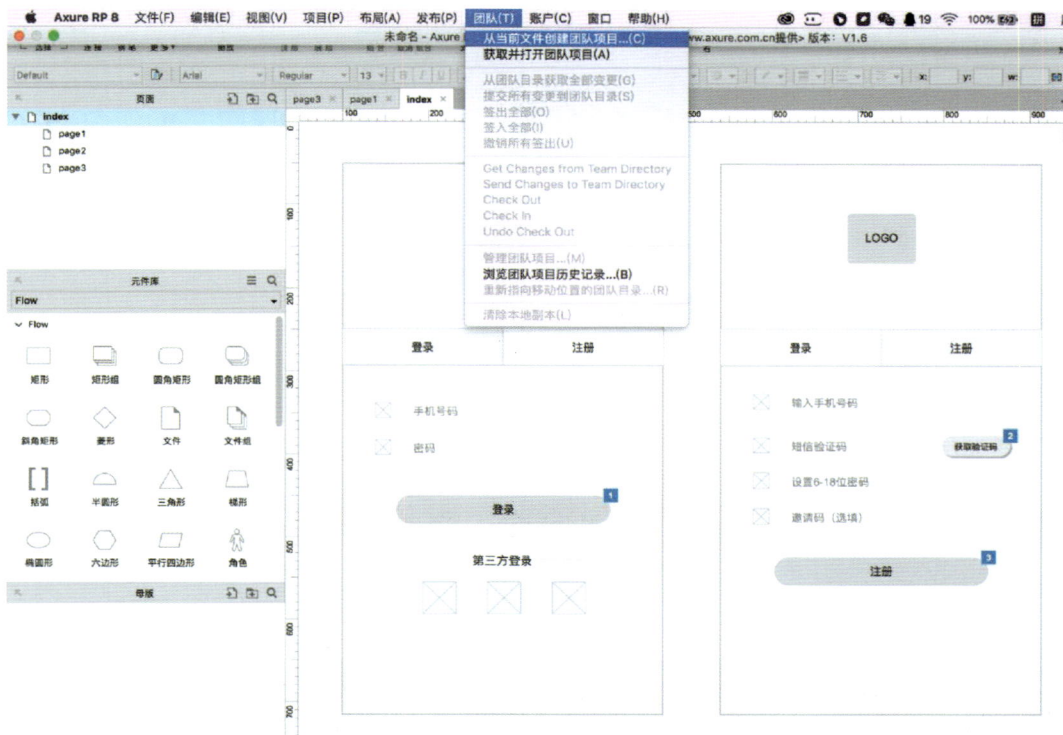

图 3-32　Axure RP 支持多人协作、共享

2. Sketch

Sketch 也是目前进行网页，图标以及界面设计的一款非常普遍的交互设计工具，如图 3-33 所示。Sketch 还可以进行简单矢量绘图应用。除此之外，Sketch 同样添加了一些基本的位图工具，比如模糊和色彩校正。

Sketch 的特点是，轻量级、入门门槛低，但需注意 Sketch 只有 Mac 版本。

3. Adobe illustrator

Adobe illustrator，简称 AI，是一种应用于出版、多媒体和在线图像的工业标准矢量插画的软件，如图 3-34 所示。与 RP 和 Sketch 相比，AI 在交互逻辑的设计与展示上没有优势，但他最大优势在于可通过操作简单功能强大的钢笔工具进行矢量绘图。它还集成文字处理、上色等功能，不仅在插图制作，在印刷制品（如广告传单、小册子）设计制作方面也广泛使用。

4. Photoshop

Adobe Photoshop，简称 PS，是由 Adobe Systems 开发和发行的图像处理软件，如图 3-35 所示。PS 的专长在于图像处理，而不是图形创作。图像处理是对已有的

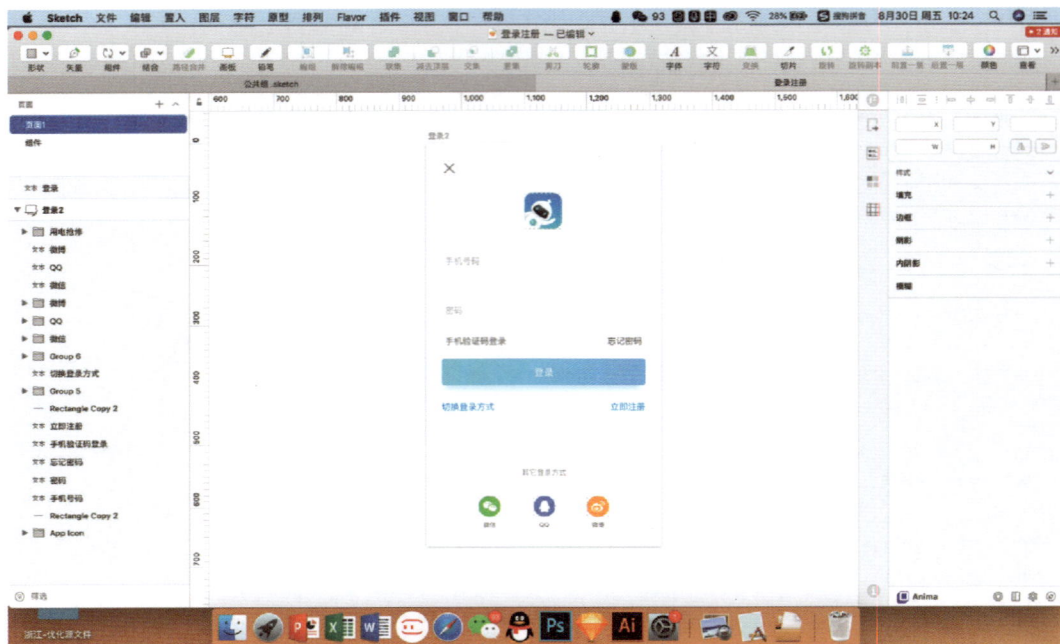

图 3-33　Sketch 软件界面

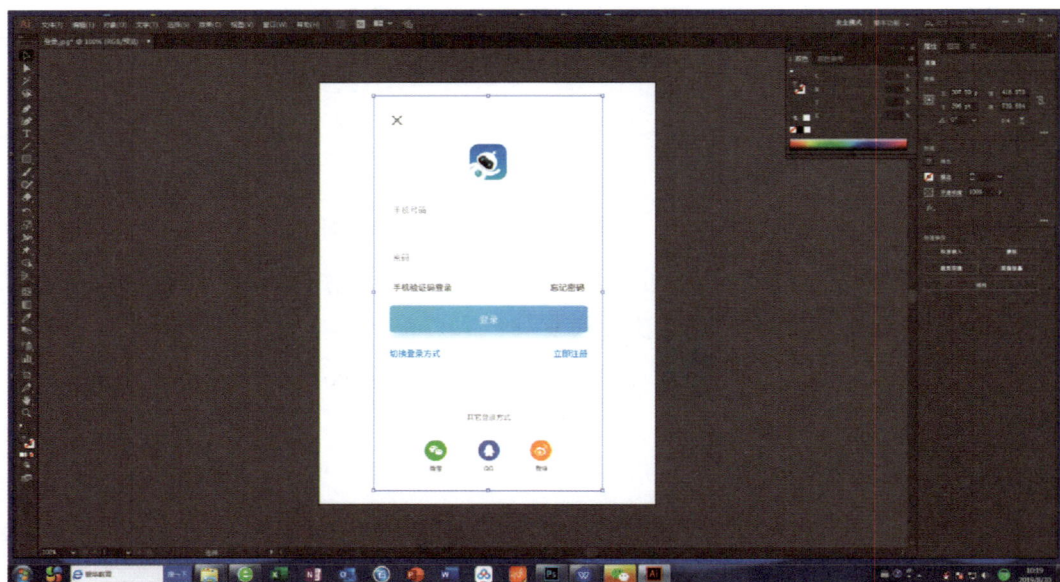

图 3-34　AI 软件界面

位图图像进行编辑加工处理以及运用一些特殊效果，其重点在于对图像的处理加工；图形创作软件是按照自己的构思创意，使用矢量图形等来设计图形。因此通过其他软件进行图形创作后，使用 PS 进行后期处理会有比较满意的效果。

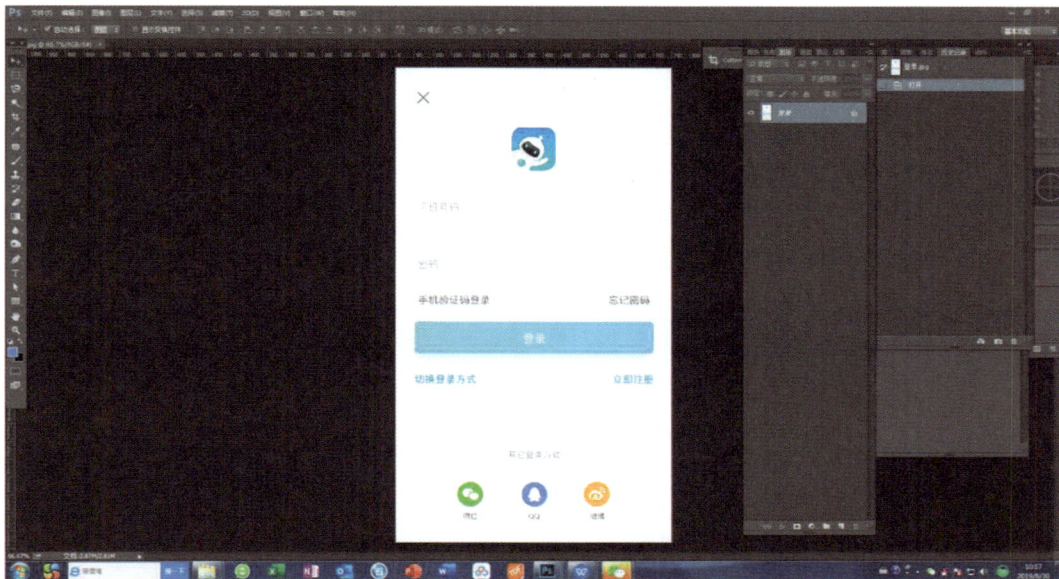

图 3-35　PS 软件界面

第三节　数据模型设计

产品要正常运作，就需要进行数据的管理、加工和展示，在开展产品设计过程中会涉及产品数据库的设计。数据按一定的形式存储在数据库中，如："001，张三三，男，营销部，工程师"即是以"工号，姓名，性别，部门，职称"这样的格式存储。数据被存储在一张张的表中，每一行便是一条"记录"，每一列即是一个"字段"，而每个字段又被赋予了一定的数据类型，如工号为整型数据，姓名、性别、职称为字符串数据。

数据库设计工作是从需求分析阶段转化为精细化设计阶段的关键步骤。良好的产品数据库设计可以帮助用户快速查询所需数据，减少数据冗余，降低存储和运算成本，减少数据计算错误的可能性，极大减轻实施阶段的工作量，减少运维成本，提升产品的工作效率。因此，数据库设计关乎产品功能、产品性能及客户体验。数据库设计中，数据模型的设计尤为重要，是数据库设计的核心，本节主要对数据模型设计进行讲解。

一、数据模型的概念

凯文·凯利以预测科技发展趋势而闻名，20 世纪 90 年代，他曾在著作《失控》中提及了云计算、物联网、虚拟现实等概念，他预言人类的未来是镜像世界。

计算机世界可以看作部分现实世界的镜像，数据模型可以帮助人类建立这个镜像。也就是说，数据库系统建立在数据模型的基础上，数据模型是对现实世界数据特征的抽象。由于计算机无法直接处理现实世界中的具体事务，所以人们必须先将具体事物转换成计算机能够处理的数据，在数据库中用数据模型这个工具来抽象、表示和处理现实世界中的数据和信息。

数据模型是用来描述数据的一组概念的集合，由文本、符号组成，它应比较真实地模拟现实世界，容易理解且便于机器实现。数据模型通常由数据结构、数据操作和完整性约束三个要素组成。

（一）数据结构

数据结构是数据模型的基础，是刻画数据模型最重要的方面，因此通常按照数据结构来命名数据模型。数据结构用于描述数据的静态特征，数据操作和约束建立在数据结构上，不同的数据结构具有不同的操作和约束。具体来说，数据结构描述了两方面内容：一是数据本身的特征，即数据的类型、内容等（一个模型中有什么样的对象，对象的内容是什么），如关系模型中"域"的概念；二是数据之间的联系，如一对一关系、一对多关系、多对多关系等，表示不同类型对象间的关系。

（二）数据操作

数据操作用于描述数据的动态特征，是在相应的数据结构上允许进行的操作的集合。数据库的主要操作有查询和更新（增加、修改、删除）两类。

（三）完整性约束

数据的完整性约束条件是一组规则，用以防止不符合规范的数据进入数据库。数据模型中的数据约束主要描述数据结构内数据间的语法、词义联系、数据之间的制约和依存关系，以保证数据的正确、有效。如一星期只能有 7 天，客户申请订单编号不能重复、不能为空等。

二、数据模型的类型

数据技术发展过程中曾产生过许多种数据模型，如层次模型、网状模型、关系模型、面向对象模型、对象关系模型等，其中最典型的是层次模型、网状模型和关系模型。层次模型的基本结构是树形结构；网状模型的基本结构是一个不加任何限制条件的无向图；关系模型用二维表的结构表示实体及实体之间的联系。目前应用最广泛的是关系模型。

（一）层次模型

层次模型是最早出现的模型，它将数据组织成一对多关系的结构。使用层次模型的典型代表是 IBM 公司的 IMS（information management system）数据库管理系统，其优点是：①存取方便且速度快；②结构清晰，容易理解；③数据修改和数据库扩展容易实现。缺点是：①结构呆板，缺乏灵活性；②同一属性数据要存储多次，数据冗余大。

如图 3-36 所示，层次模型每个节点标识一个记录类型（如工单、用户），每个节点包含若干个字段（如工单包括工单编号、申请时间），记录之间的联系用连线表示，这种联系是一种一对多的关系。

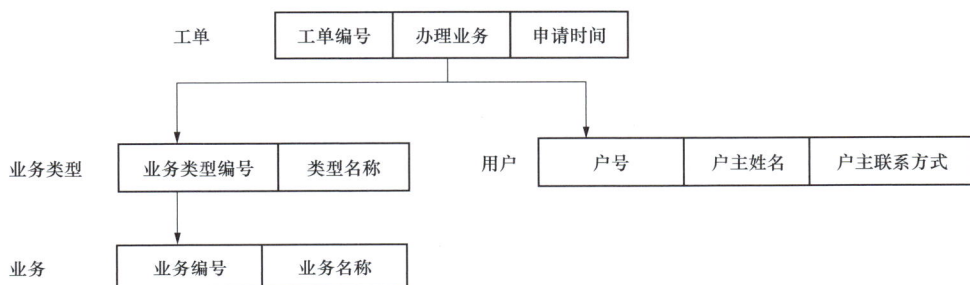

图 3-36　层次模型示例

（二）网状模型

现实世界中，往往存在着许多非层次的关系，这时就需要用网状模型来表示。网状模型是具有多对多类型的数据组织方式，使用网状模型的典型代表是 DBTG（data base task group）系统，是数据系统语言研究会下属的数据库任务组提出的方案。

网状模型的优点是：①能明确而方便地表示数据间的复杂关系；②数据冗余小。缺点是：①网状结构的复杂，增加了用户查询和定位的困难；②需要存储数据间联系的指针，使得数据量增大；③数据的修改不方便。

如图 3-37 所示，网状模型的每一个节点表示一个记录类型（如员工、岗位），每个节点包含了多个字段，营销系统员工账号和岗位之间互相构成了一对多的关系：一个员工账号可以设置多个岗位，一个岗位可以设置多个员工账号。

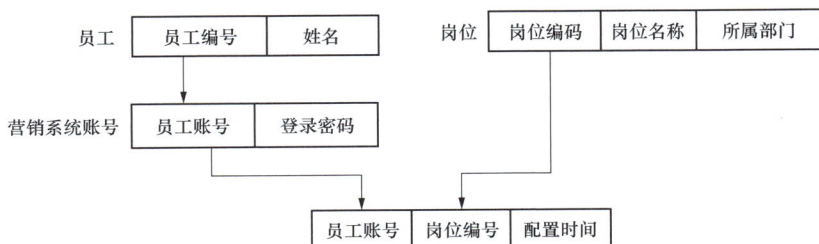

图 3-37　网状模型示例

（三）关系模型

关系模型是目前使用最广泛的一种数据模型，它以数据表的形式组织数据，由IBM 公司 San Jose 研究室研究员 E.F Codd 首次提出，它采用一个称之为关系的二维表描述数据。

关系模型的优点是：①结构灵活，概念单一，满足所有布尔逻辑运算和数学运算规则形成的查询要求；②能搜索、组合和比较不同类型的数据；③增加和删除数据方便；④具有更高的数据独立性、更好的安全保密性。缺点是数据库较大时，查找满足特定关系的数据较为费时。

图 3-38 所示即为一个名为 user（用户）的关系模型。

account_id	password	name	regdate
6578376	322331	Wangyang_123	20190201
8578493	345213	luu	20190305
3758393	456765	352567	20220304

图 3-38　关系模型示例

account_id—账号 ID；password—密码；name—账号名；regdate—注册日期

关系模型包含了如下一些重要术语：

1. 属性（列）

关系模型的列名即为属性。如图 3-38 中的 account_id，password，name，regdate。属性用来描述所在列的意义。

2. 元组（行）

除了属性名所在的行以外的其他行称为元组，每个元组均有一个分量对应每个属性。我们常常听到的"实例"，指的就是一个给定关系中元组的集合。如上图中的三个元组组成了关系 user 的一个实例。

3. 域

属性的取值范围即为域。此范围指任一元组的分量所属的范围，如上述关系模型中的 account_id 的域是 string（字符串），regdate 的域是 date（日期）。

三、数据模型设计过程

数据模型设计可以指导开发厂商进行功能实现，是验收的重要依据。在建立数据模型的时候应该满足三方面的要求：一是比较真实地模拟现实世界；二是容易被人理解；三是便于在计算机上实现。

在数据库设计阶段，针对不同的需求要采用不同阶段的数据模型，一个标准化的数据模型设计过程包括概念模型设计、逻辑模型设计和物理模型设计。从现实世界到概念模型的转换，是将现实世界抽象为概念的过程，由数据库设计人员完成；从概念模型到逻辑模型的转换，是将概念详细描述的过程，可以由数据库设计人员或者通过设计工具完成；从逻辑模型到物理模型的转换是将概念转化为计算机所支持的语言的过程，由数据库管理系统（database management system，DBMS）来完成。

（一）概念模型设计

概念模型（conceptual data model，CDM）按照用户的观点对数据和信息进行建模，是一种面向用户、面向客观世界的模型，用以描述关键概念及相关的业务规则，其帮助人们从复杂的现实细节中摆脱出来，把注意力放在事物信息和关系模式上。

概念模型是从现实世界到计算机世界的中间层次，概念模型设计需要依据产品需求开展，是在需求分析完成基础上进行的。分析需要组织存储在数据库的数据特征和相互间的关系，采用概念模型表示出来，表示清楚这些数据具有的属性特征和数据之间存在的关系。概念模型应该简洁、清晰、易于理解。

概念模型中，主要涉及的几个基本概念包括实体、属性、码（主键）、联系。

1. 实体

客观存在可相互区别的事物称为实体。实体可以是具体的人、事、物，也可以是抽象的概念或联系，如一个用电客户、一份业务工单、一个电力设备，等等。

2. 属性

实体所具有的某一特性称为属性。一个实体可以由若干个属性来刻画。如前所述，在具体的关系模型中，列即为属性，如客户的"账号（account_id）""账号名（name）"都是属性。属性的取值范围称为"域"。

3. 码（主键）

可以唯一标识一个实体的属性或者属性组称为码（主键）。如前所述的account_id，即用编码唯一标识了一个用户。

4. 联系

联系即指实体之间的关系，通常有一对一、一对多、多对多的联系。

实际工作中，设计人员应该根据业务需求，分析业务过程中涉及的所有业务实体，抽取出满足用户场景的实体对象，以及它们之间的关联关系。在概念建模阶段，主要做四件事，即业务交流、理解需求、形成实体、理清关系。

概念模型设计最常用的描述工具是 P.P.S.Chen 于 1976 年提出的实体－联系方法（entity–relationship approach），即 ER 模型。ER 方法利用 ER 图设计数据概念模型，是最常用的概念模型设计方法。ER 方法采用矩形框表示实体集。用菱形表示联系，用椭圆形表示实体集的属性，如图 3–39 所示。

图 3–39　绘图软件中 ER 图的常用模块

图 3–40 所示为人员管理工具开发中所用的 ER 图（在此做了简化）。

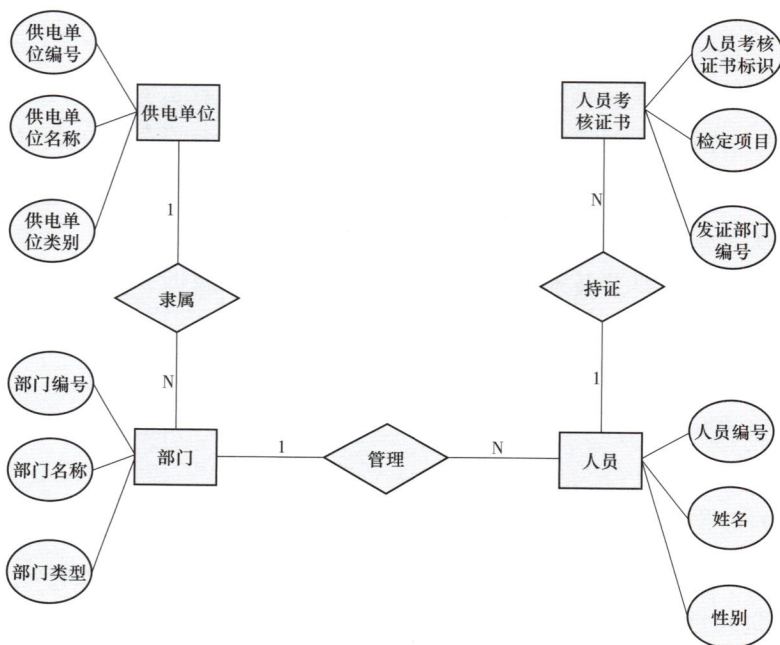

图 3–40　人员管理工具 ER 图

（二）逻辑模型设计

逻辑模型（logical data model，LDM）既要面向用户，又要面向系统。逻辑设计是面向机器世界的，反映的是系统分析设计人员对数据存储的观点，是对概念数据模型进一步的分解和细化。逻辑模型与概念模型最大的区别在于细化了实体的键、关系，进行了范式化处理等内容。在许多实际工作中，概念模型与逻辑模型设计是同时进行的。

关系模型采用二维表格在计算机中组织、存储、处理和管理数据，是以计算机的视角出发的模式，是常用的逻辑模型设计方式，因此，在关系数据库的逻辑模型设计阶段，将 ER 图转化为关系表是常常会碰到的步骤。概念数据模型完成以后，需要进一步对实体对象进行细化，同时丰富其结构。这个过程需要将 ER 模型向关系模型转换，需要把 ER 模型的每一个实体集转换成一个表，每一个联系转换成一个表。根据需求确定具体需要哪些表，以及每张表的属性。此时会涉及码（主键）的选取、外键的关联、约束的设置等细节。这个阶段的产物是可以在数据库中生成的具体表及其他数据库对象，包括主键、外键、属性列、索引、约束，甚至是视图以及存储过程。

ER 模型（信息世界）与关系模型（机器世界）对应关系如表 3-2 所示。

表 3-2　　　　　　　　　ER 模型与关系模型对应关系

ER 模型	关系模型
实体	实体表
实体实例	行（元组）
联系	关系表
属性	列
属性值	列值（元组分量）

从 ER 模型到关系模型的转换规则如下：

（1）把 ER 模型中的每一个实体转化为一个同名的表，实体的属性就是表的列，实体的码就是表的码。

如图 3-39 人员管理工具 ER 图中的"人员"将转化为一张人员表，它的码是"人员编号"，得到表：人员（人员编号、姓名、性别）；通过实体"人员考核证书"得到表：人员考核证书（人员考核证数标识、考核项目、发证部门编号）。

（2）将 ER 模型的"联系"转化为一个同名的表，该表的属性包括"联系"本身的属性和相关实体的码。该表的码的确定原则是：对于"一对一"关系，每个实体的码均可作为候选；对于"一对多"联系，取"多"端的实体的码作为联系的码，对于"多对多"联系，取各实体的码的组合作为联系的码。

如图 3-39 中可得表：持证（人员考核证书标识、人员编号），它的码是"人员考核证书标识"。

（3）合并具有相同码的关系。如图 3-5 中合并实体"人员考核证书"和"持证"，得到：人员考核证书（人员考核证书标识、考核项目、发证部门编号、人员编号）。

（三）物理模型设计

物理模型（physical data model），是一种面向计算机物理表示的模型，它是在具体的硬件环境、操作系统和 DBMS 约束下，根据逻辑设计的结果设计符合的数据物理结构，描述数据在储存介质上的组织结构。它不但与具体的 DBMS 有关，还与操作系统和硬件有关。每一种逻辑模型在实现时都有其对应的物理模型，它的目标是形成存储空间占用少、数据访问效率高、维护代价低的物理数据模型。

实际上，物理模型设计着眼于底层的物理存取，硬件平台、操作系统、DBMS 必须根据需要事先选定，无须用户自己设计开发。在逻辑模型向物理模型转换的过程中，需要实现目标数据库的表，物理建模将在逻辑建模阶段创建的各种数据库对象生成为相应的结构化查询语言（structured query language，SQL）代码，运行并创建相应具体数据库对象。

（四）数据模型设计说明编写

在产品设计过程中，可以在产品设计说明书中设置数据模型说明或者单独编写数据模型说明书进行固化描述。实际工作过程中，数据模型说明往往不会呈现完整的设计过程，而只呈现设计结果。目前使用的数据模型设计软件各有不同，如最常用的 Powerdesigner 数据模型设计软件，在绘制概念模型图时就可以开展如主键设计等工作，但是在形成设计时，更推荐概念 – 逻辑 – 物理的标准化设计过程。

数据模型说明书文档结构可以包括数据模型概述、数据模型图、实体列表、关系列表、实体设计等部分。

1. 数据模型概述

数据模型概述主要描述该模型用于指导什么产品开发，大型复杂产品包括多部分模型设计时，还需说明该说明书为什么分册、描述了什么信息等。

2. 数据模型图

数据模型图较多地使用 PowerDesigner 工具绘制。下面重点讲解概念模型的绘制过程，使用的版本是 PowerDesigner16。

打开 PowerDesigner 工具后，选择 File–NewModel–Information–Conceptual Data Model"，如图 3–41 所示，可以看到这里也提供了逻辑模型（Logical Data Model）和物理模型（Physical Data Model）的绘制功能。

选择工具栏中的"实体"按钮，绘制实体"供电单位""部门""人员考核证数""人员"。双击实体，可以进行编辑，如图 3–42 所示。

点击属性（Attributes）选项卡，填写属性。在属性框中，还可以设置属性编码、数据类型、是否为主键等，如图 3–43 所示。

图 3–44 为人员管理工具数据库的数据模型图，在绘制过程中就确定了不同的实体、实体属性及联系。如定义了"供电单位"这一实体，设计了供电单位编号、供电单位名称等属性；并且画出了"供电单位"与"部门"的一对多联系等。

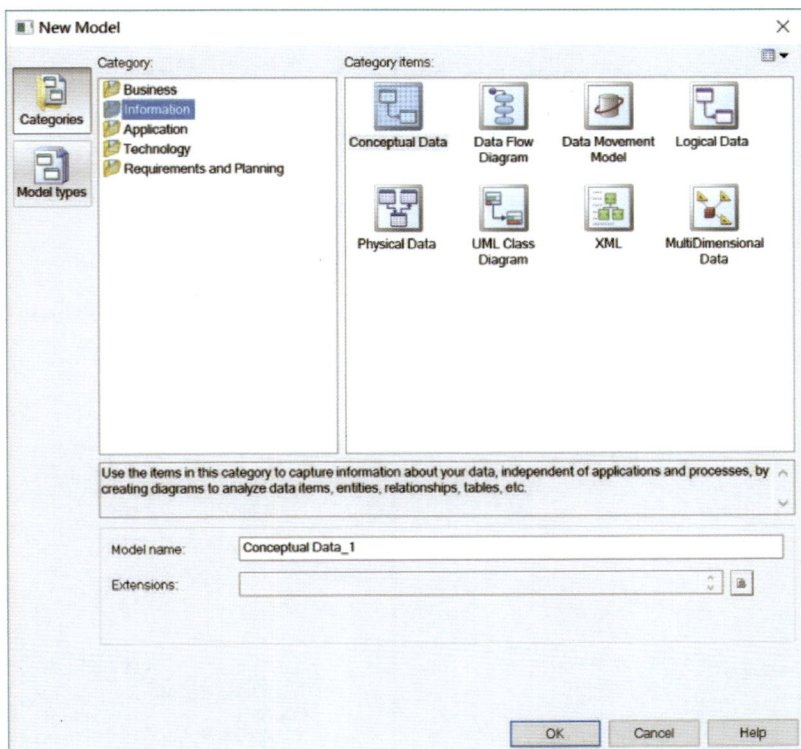

图 3-41 逻辑模型绘制

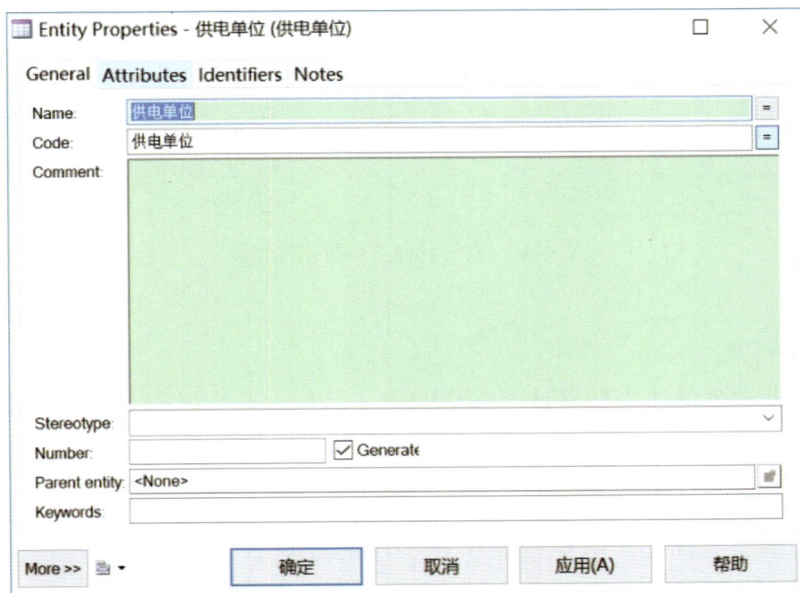

图 3-42 实体编辑

图 3-43　属性编辑

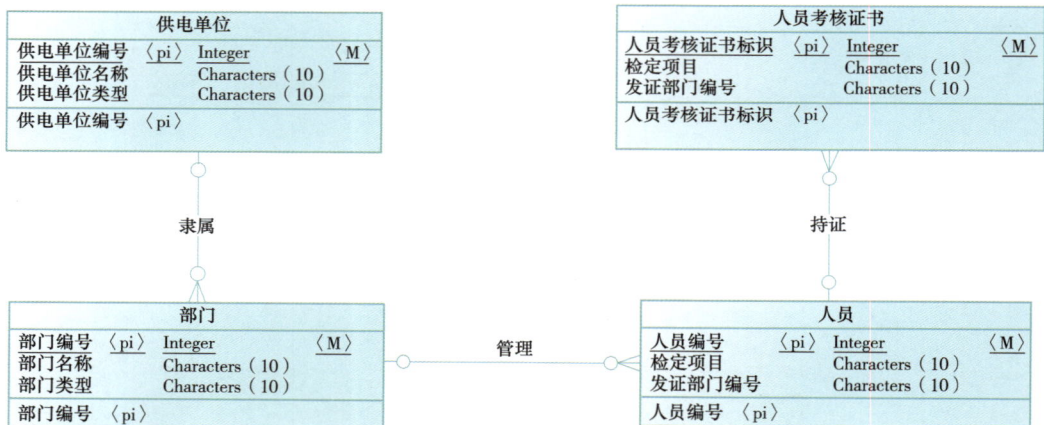

图 3-44　人员管理工具数据模型图

3. 实体列表

实体列表主要描述模型设计实体集的中文名称、英文名称及注释，注释需简洁扼要标明实体集的准确定义，如表 3-3 所示。

4. 关系列表

关系列表主要描述了数据模型中各实体集之间的关系（关系列表在此独立呈现，但在具体数据模型实现中可能会被合并进实体），如表 3-4 所示。

表 3-3　　　　　　　　　　　　　人员管理工具实体列表

中文名称	英文名称	注　释
供电单位	O_ORG	1）供电单位为独立的考核单位，如地市局、分局、供电所。 本实体主要包括单位标识、单位名称、上级单位标识、单位类型、排序序号等属性。 2）通过供电单位管理，由录入产生记录。 3）该实体主要由供电单位管理、部门管理使用
部门	O_DEPT	1）部门为供电单位中的具体部门，科室、班组等，如抄表班、营业厅。 本实体主要包括部门标识、部门名称、部门类型、上级部门标识等属性。 2）通过部门管理，由录入产生记录。 3）该实体主要由部门管理使用
……	……	……

表 3-4　　　　　　　　　　　　　人员管理工具关系列表

中文名称	注释
供电单位 _ 部门	部门属于供电单位，供电单位和部门是一对多关系
部门 _ 人员	部门可以有多个人员，部门和人员是一对多的关系
……	……

5. 实体设计

实体设计包括实体名称、数据类型和必要的说明，如此处为是否"强制"（即不能为空）。表 3-5 为实体名称为"部门"的实体集的实体结构，表 3-6 为"部门"实体集的属性说明。

表 3-5　　　　　　　　　　　　　"部门"实体结构

中文名称	英文名称	数据类型	是否不能为空
部门编号	DEPT_NO	CHAR（16）	Y
供电单位编号	ORG_NO	CHAR（16）	N
……	……	……	……

表 3-6　　　　　　　　　　　　　"部门"属性说明

中文名称	英文名称	注　释
部门编号	DEPT_NO	本实体记录的唯一标识，创建部门的唯一编码
供电单位编号	ORG_NO	本实体记录的唯一标识，创建供电单位的唯一编码
……	……	……

第四节　产品架构设计

一、平台架构

面向服务的体系结构（Service-oriented architecture，SOA）是构造分布式系统的应用程序的方法。SOA 系统是一种企业通用性架构，它将应用程序功能作为服务发送给最终用户或者其他服务。它采用开放标准、与软件资源进行交互并采用表示的标准方式。

面向服务架构可以根据需求通过网络对松散耦合的粗粒度应用组件进行分布式部署、组合和使用。服务层是 SOA 的基础，可以直接被应用调用，从而有效控制系统中与软件代理交互的人为依赖性。

SOA 是一种粗粒度、松耦合服务架构，服务之间通过简单、精确定义接口进行通信，不涉及底层编程接口和通信模型。SOA 可以看作是 B/S 模型、XML（标准通用标记语言的子集）/ Web Service 技术之后的自然延伸。

SOA 能够帮助软件工程师们站在一个新的高度理解企业级架构中的各种组件的开发、部署形式，它将帮助企业系统架构者以更迅速、更可靠、更具重用性架构整个业务系统。较之以往，以 SOA 架构的系统能够更加从容地面对业务的急剧变化。

（一）传统平台架构

在原来客户端直接访问数据库层的基础上，增加中间层，即组件层，构成三层体系架构，目前大部分营销类的信息系统还采用传统的三层体系架构，如图 3-45 所示。

1. 数据访问层

主要是对非原始数据（数据库或者文本文件等存放数据的形式）的操作层，而不是指原始数据，也就是说是对数据库的操作，而不是数据，具体为业务逻辑层或表示层提供数据服务。

2. 业务逻辑层

主要是针对具体问题的操作，也可以理解成对数据层的操作，对数据业务逻辑的处理，如果说数据层是积木，那逻辑层就是对这些积木的搭建。

3. 界面层

主要表示为 Web 方式，也可以表示成 WINFORM 方式，Web 方式也可以表现成：aspx。如果逻辑层相当强大和完善，无论表现层如何定义和更改，逻辑层都能完善地提供服务。

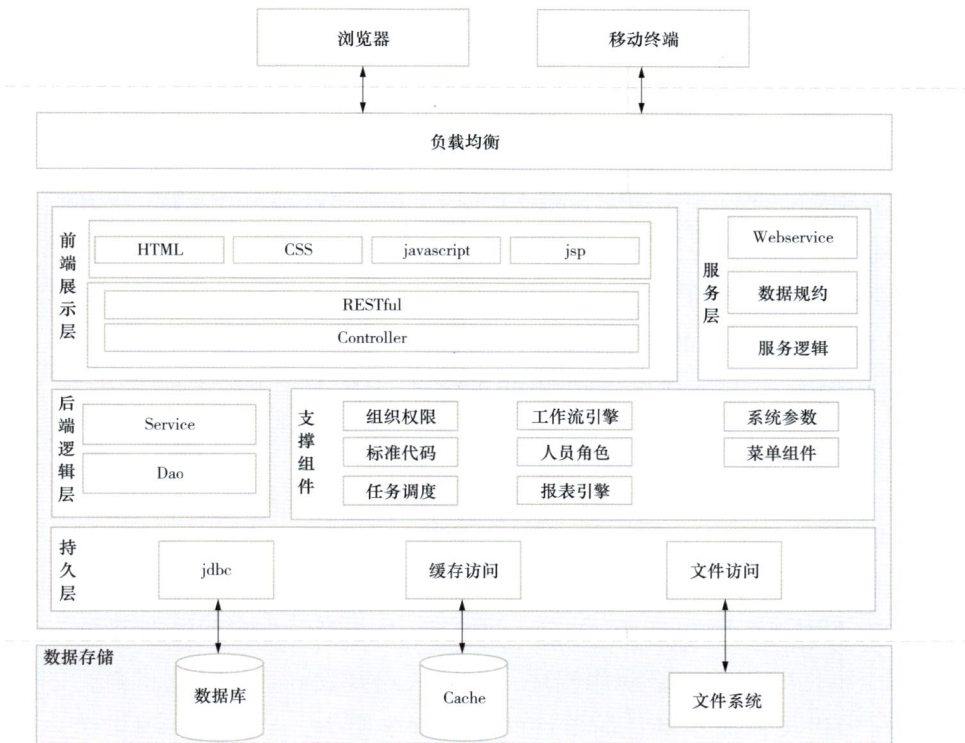

图 3-45　传统平台架构

（二）互联网平台架构

互联网平台架构如图 3-46 所示，主要分为 6 层。

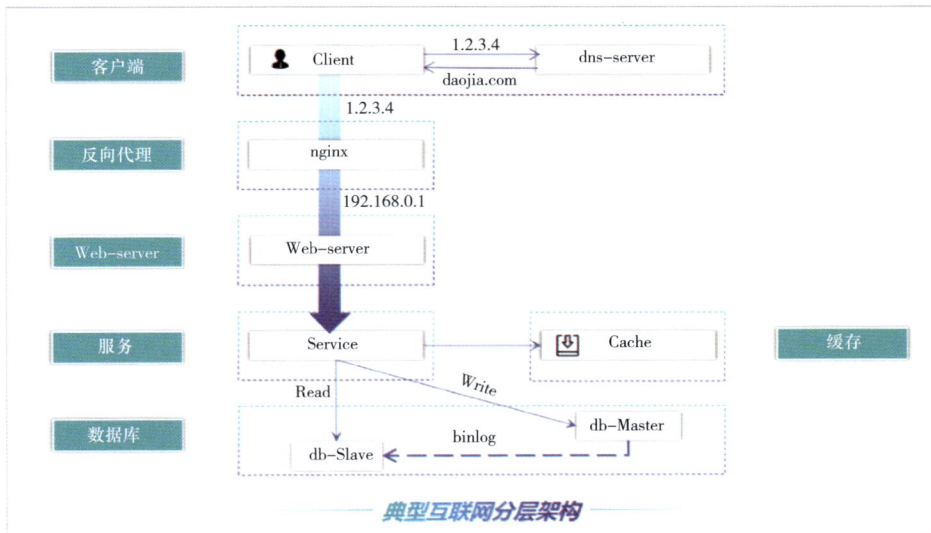

图 3-46　互联网平台架构

（1）客户端层：典型调用方是浏览器 browser 或者手机应用 App。

（2）代理层：通过 Nginx 进行负载。

（3）展现层：通过 HTML5、CSS、JS 构建微服务模块，通过 iOS、Android 构建 App 框架，一级部分需要通过 native 开发的功能模块。

（4）应用层：通过 SGUAP、Spring IOC、Spring MVC、Spring Transaction、Spring Security 构建微应用管理平台、消息中心、活动中心、监测系统、风控系统、日志系统。其中 Spring MVC 通过将业务逻辑、数据、显示分离的方法组织代码，降低了视图与业务逻辑间的双向耦合；Spring IOC 提供对象的创建、维护、销毁等生命周期的控制，需要某个对象时就直接通过名字去 IOC 容器中获取。Spring Transaction 提供事物管理机制；Spring Security 提供声明式的安全访问控制解决方案。

（5）服务层：通过 Dubbo、Zookeeper、Redis、Memcached、ActiveMQ、Quartz、Echart、ELK、Netty 构建微服务管理平台。其中 Dubbo 提供分布式服务；Zookeeper 提供分布式应用程序协调服务；Redis、Memcached 提供分布式缓存服务；Netty 提供异步的、事件驱动的网络应用程序，支持快速开发高性能、高可靠性的网络服务；Quartz 提供灵活而不牺牲简单性的作业调度服务；ActiveMQ 提供消息总线服务；ELK 提供微服务日志分支服务；Echart 提供图表库服务。

（6）数据层：数据传输至信息内网存储于 Oracle、mysql 等数据库。

二、集成架构

所谓系统集成（system integration，SI），就是通过结构化的综合布线系统和计算机网络技术，采用技术整合、功能整合、数据整合、模式整合、业务整合等技术手段，将各个分离的设备、软件和信息数据等要素集成到相互关联的、统一和协调的系统之中，使系统整体的功能、性能符合使用要求，使资源达到充分共享，实现集中、高效、便利的管理。系统集成实现的关键在于解决系统之间的互联和互操作性问题，需要解决各类设备、子系统间的接口、协议、系统平台、应用软件等与子系统、组织管理和人员配备相关的一切面向集成的问题。

系统集成有以下显著特点：①系统要以满足用户的需求为根本出发点；②系统集成不是选择最好的产品的简单行为，而是要选择最适合用户的需求和投资规模的品和技术。系统集成不是简单的设备供货，它体现更多的是设计、调试与开发的技术和能力。系统集成包含技术、管理和商务等方面，是一项综合性的系统工程。技术是系统集成工作的核心，管理和商务活动是系统集成项目成功实施的可靠保障。性能性价比的高低是评价一个系统集成项目设计是否合理和实施是否成功的重要参考要素。

以营销信息系统集成架构为例，如图 3-47 所示，其包含前端、中台和后端三部分。

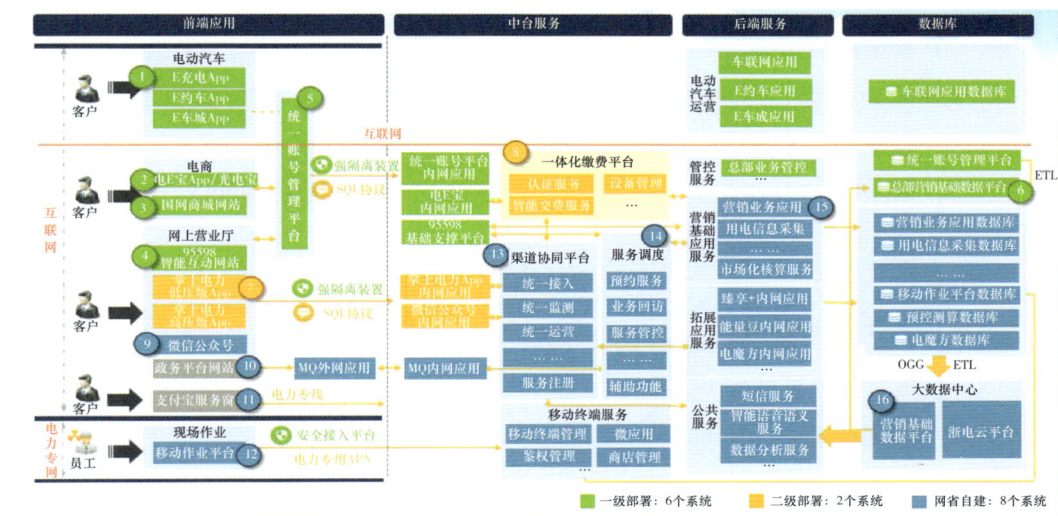

图 3-47 营销信息系统集成架构示例

（1）前端支撑，包括外网的 App、互动网站，专网的移动作业。

（2）中台服务，包含技术服务总线、业务服务中台。

（3）稳定的后端服务，包含营销核心业务应用，支撑营销业务流转。

第五节 产品设计输出成果物

产品设计输出成果物是产品项目由概念化阶段进入到图纸化阶段的最主要的一个文档，是承上启下、指导产品实现的关键输出物，也是参加需求评审会时，向专家展示的成果作品。交互设计师可以根据成果物来设计交互细节、研发（RD）可以根据查询具体逻辑编写代码；测试可以建立测试用例；项目经理可以拆分工作包，并分配开发人员；客服可以编写完善 Q&A 知识库。

常用的输出成果物是产品需求文档，也称 PRD 文档（product requirement document）。PRD 没有明确的规范，但是目的都是一样的，必须能够明确产品的功能需求，便执行人员理解任务要求。

本节主要介绍另一种输出方式，如果项目较大，涉及部门较多，需要多方合作时，可采用此成果物输出。

一、成果物介绍

本方式是国网浙江省电力有限公司结合互联网产品需求文档与往年项目开发经验综合整理出的，适合中大型项目开发的成果物展示方式。与 PRD 的本质目的一样，向上是对 BRD 内容的继承和发展，向下是把 MRD 文档中的各种理论要求产品化、落地化，向研发和设计部门说明产品的功能和性能要求，为交互与视觉设计、详细设计提供依据。因项目较大，功能模块较多，可能跨项目、跨部门、跨公司、跨集团时，PRD 分成几类针对性的输出物，便于对应阅读人员查阅。

二、成果物要素

成果物由服务目录、服务场景设计说明书（业务模型）、视觉与交互设计说明书（UE）、高保真原型图（UI）组成。

第四章　产品开发流程及方法

　　产品开发是指依据产品设计阶段的交付物视觉设计规范（UI 规范）、服务场景设计说明书（业务模型）、视觉与交互设计说明书（UE）、高保真原型图（UI）和产品设计说明书（详细设计），制定详细的开发计划，建立高效协同的软件开发团队，遵循产品研发的流程和方法，借助于产品开发的工具和技术规范，成功交付产品成果物的过程。产品开发最终目标是开发出符合用户需求的高质量的程序源代码和可执行系统。

第一节　产品开发管理规范

　　产品设计阶段交付物编制完成后，开发人员就可以开始动工实现产品。软件产品开发与其他产品开发一样，其质量高低不仅取决于所采用的流程、方法和工具，还取决于管理规范和水平。本节重点阐述开发组织管理、开发过程管理及开发技术规范管理的工作要点。

一、开发组织管理

　　产品开发尤其是大型产品开发凝聚着许多开发人员的集体智慧，因此合理组织好参加软件项目的人员，构建优秀的开发团队，最大限度发挥人员的工作积极性和提高人员的工作效率，对于产品的成功极为重要。

　　因此，根据开发阶段的主要目标和工作任务，必须要建立配套的项目组织机构和管理要求，确保按预期的质量要求如期完成产品开发交付。

　　1. 组织构建原则

　　在建立项目组织时应遵循以下原则：

　　（1）落实责任。在软件开发工作的开始，要尽早指定专人负责，使其有权进行管理，对任务的完成全面负责。

　　（2）减少接口。在软件开发过程中，人与人之间的交流和联系是必不可少的，即存在着通信路径。一个组织的生产效率随完成任务时存在的通信路径数据量的增多而降低，因此合理的人员分工和组织结构对提高开发效率非常重要的。

（3）责权均衡。明确每个开发人员的权利和责任，开发人员的责任不应该大于其拥有的权利，两者应保持适度均衡。

2. 组织结构的模式

通常有项目型、职能型、矩阵型三种组织结构模式可供选择。

（1）项目型模式：将所有适合项目的能兵强将集结在一起，成员脱离原有的工作岗位，形成一个临时项目组织。优点是整体执行力很强，能够集中力量办大事；缺点是临时团队对公司整体资源是一种浪费，同时团队成员长期脱离原岗位，在项目结束后可能面临岗位调整的境遇，影响个人职业生涯发展。

（2）职能型模式：所有项目人员还在所属部门里面供职，仅仅花费部分时间来处理项目的事情。他们面临部门经理和项目经理的双重管理，对于项目来说是低效的，但同时对公司整体资源消耗不大，对个人影响也不大。

（3）矩阵型模式。该模式实际上是以上两种模式的复合。一方面，按照工作性质成立一些专业组，如开发组、业务组、测试组等；另一方面，每一个项目组由专门人员负责管理，每个软件相关人员属于某个专业组，参加某一项目工作。

3. 人员的配备要点

合理配备人员是成功完成产品开发的切实保证。所谓合理配备人员包括在不同阶段适时任用人员以及恰当掌握用人标准。

（1）对产品研发人员的要求：

1）重质量。软件项目是技术性很强的工作，任用少量有实践经验、有能力的人员去完成关键性的任务，常常要比任用较多经验不足的人员更有效。

2）重培训。培养所需的技术人员和管理人员是有效解决人员匹配问题的好方法。

3）双阶梯提升。人员的能力提升和培养分别按技术职务和管理职务双轨道进行，提供双阶梯提升的人才培养路径。

（2）对项目经理人员的要求。软件项目经理人员是工作的组织者，其管理能力的强弱是项目成败的关键。除一般的管理要求外，项目经理人员还应具有以下能力：

1）对用户提出的非技术性要求加以整体提炼，以技术说明书形式转告分析员和测试员。

2）能说服用户放弃一些不切实际的要求，以保证合理的要求得到满足。

3）具有解决综合问题的能力。

4）要懂得心理学，擅长与项目不同干系人进行沟通。

4. 典型案例分析

下面以国家电网公司"网上国网"项目为例（如图4-1所示），分析在产品研发阶段的组织架构。该项目为国家电网公司重点建设项目，在研发阶段考虑到时间紧、任务重，采用的是抽调各单位人员集中办公的形式，项目组成员在研发管理组的统一管理下开展产品研发。

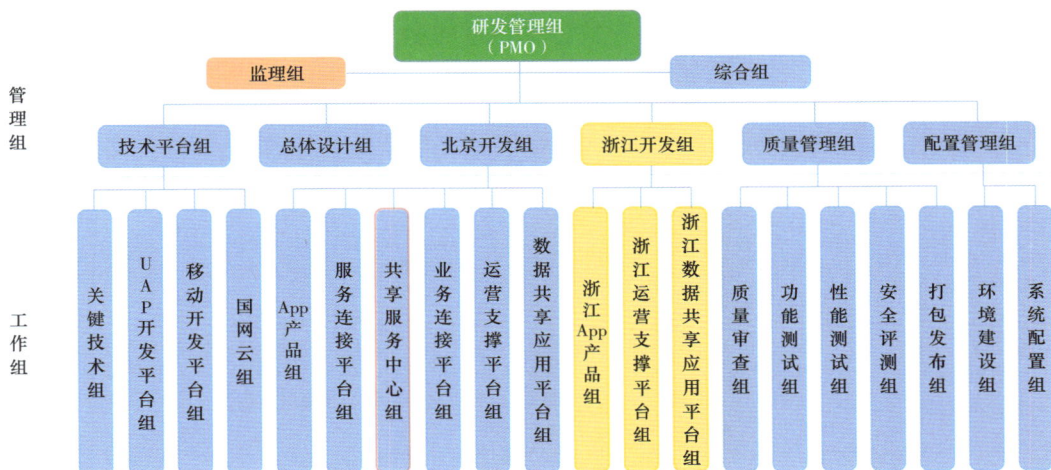

图4-1 "网上国网"研发实施阶段整体项目组织

App产品组是"网上国网"项目组织在下设的一个开发团队，该团队采用的是矩阵式的团队管理组织，如图4-2所示。该团队的组长和副组长由职能部门的负责

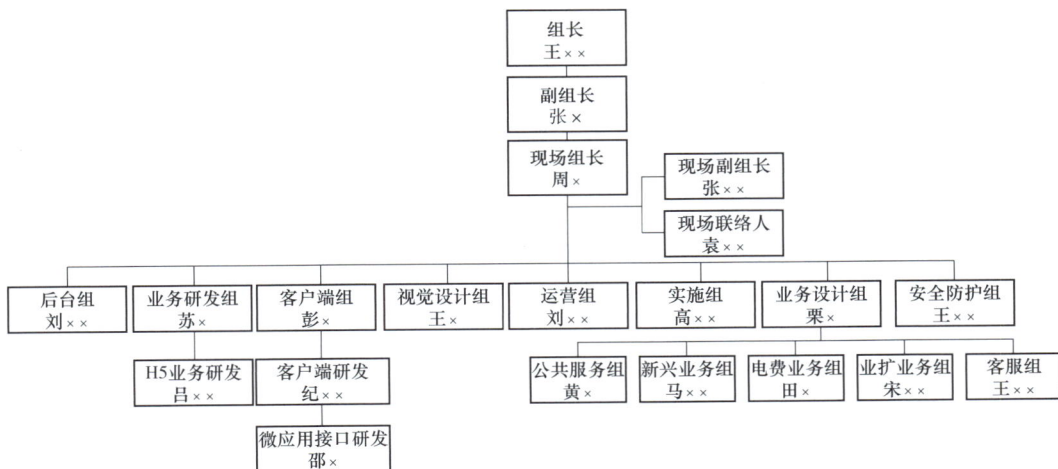

图4-2 "网上国网"App产品组内部团队组织

人和技术总监担任，各业务负责人分别带领成员推进一块业务，确保了产品研发工作的高效推进。团队职责分工如表 4-1 所示。

表 4-1 　　　　　　　　　　"网上国网" App 产品组团队职责分工

岗位名称	岗位职责	
组长、副组长	1. 负责"网上国网" App 整体进度管控、内外部资源协调、重要事项的沟通协调及决策等工作。 2. 负责技术方案编审、现场实施协调沟通及整体推进	
后台研发负责人	组织"网上国网" App 整体架构设计，架构研发、微应用微服务管理后台研发、灰度发布功能研发、安全防护功能研发	
客户端研发负责人	1. 负责组织"网上国网" App 客户端架构设计及研发工作。 2. 负责微应用相关接口的研发、SDK 研发等工作	
业务研发负责人	负责"网上国网" App 前后端试点功能的研发工作，负责触点采集相关工作。负责组织 H5 相关功能的研发工作	
业务设计负责人	负责"网上国网" App 电费、业扩等业务功能规划、需求方案编制、交互设计等工作，协助业务研发负责人推进研发工作	
视觉设计负责人	负责"网上国网" App 整体视觉设计，设计公司对接，视觉设计规范编制等工作	
安全管理负责人	负责"网上国网" App 安全防护方案的编制工作，协助实施负责人进行系统资源评估工作，全网实施部署工作	
运营工作负责人	负责"网上国网" App 运营方案编制及运营系统功能规划、研发推进等工作	
实施工作负责人	负责"网上国网" App 实施推广工作的提前规划，系统资源评估，顶层规划与验证工作，开展相关方案编制	

二、开发过程管理

根据开发阶段的主要目标和任务，加强开发过程管控，主要包括开发计划制定、进度和质量管理、技术规范制定等关键内容。

（一）开发计划制定

制定计划的目标是提供一个能使项目管理人员对软件的范围、资源、进度和成本做出合理估算的框架。这些估算应当在软件项目开始时的一段时间内做出，并随着项目推进定期更新。

1. 确定软件的范围

软件范围包括功能、性能、限制、接口和可靠性。项目计划首先要确定软件的功能，对其进行适当地细化以便提供更详细的细节。由于成本和进度的估算都与功能有关，因此常常采用某种程度的功能分解。性能的考虑包括处理和响应时间的需求。限制条件则包括外部硬件、可用存储器或其他现有系统对软件的限制。功能、性能和限制必须放在一起进行评价。当性能、限制变化时，为实现同样功能，开发工作量可能与变化前相差一个数量级。

软件与其他系统元素是相互作用的。计划人员要考虑每个接口的性质和复杂性，以确定其对开发资源、成本和进度的影响。接口的概念可以理解为软件运行的应用环境，包括：

（1）运行软件的硬件，如主机、打印机、显示器等。

（2）必须与软件连接的现有软件，如数据库管理系统、操作系统等支撑软件。

（3）通过终端或其他输入/输出设备使用软件的人。

（4）软件运行前后的一系列操作过程。

对每个接口，都必须清楚地了解通过接口的信息转换。

软件范围最不明确的方面就是可靠性问题。在项目的初期，可以按照软件的一般性质规定一些具体的要求以保证它的可靠性。例如，用于交通指挥系统的软件就不能失效，否则会危及人身安全。

2. 确定软件的资源

软件的开发和运行需要一定的环境资源，这些资源包括人力资源、硬件资源以及软件资源。对每一种资源，应说明四个特性：资源的描述、资源的有效性说明、资源在何时开始需要以及资源使用的持续时间。

（1）人力资源。人力资源是软件开发资源中最重要的资源，在计划开发活动时必须考虑人员的技术水平、专业、人数以及在开发过程的各阶段中对各种人员的需求。

（2）硬件资源。硬件是作为软件开发项目的一种工具而投入的。在软件项目计划期间，需要考虑三种硬件资源：

1）宿主机，指软件开发时使用的计算机及其外部设备。

2）目标机，指运行已开发成功软件的计算机及其外部设备。

3）其他硬件设备，包括软件开发时所用的特殊硬件资源。

（3）软件资源。软件资源是在开发期间辅助软件开发的相关软件。主要的软件资源包括：

1）业务系统计划工具软件。

2）项目管理工具软件。

3）支援工具软件。

4）分析和设计工具软件。

5）编程工具软件。

6）组装和测试工具软件。

7）原型儿和模拟工具软件。

8）维护工具软件。

3. 安排开发进度

进度安排的准确程度比成本估算的准确程度更重要。软件产品可以靠重新定价或者靠大量的销售来弥补成本的增加，但是进度安排的落空会导致市场机会的丧失，造成用户的不满，也会导致成本的增加。因此，在考虑进度安排时，要把人员的工作量与花费时间联系起来，合理分配工作量，利用有效的进度安排方法严密监控软件开发的进展情况，确保软件交付不延期。

4. 估算开发成本

在软件开发的初期很难对软件的成本和工作量做出准确的估算，因为各种人为和客观环境的变化，都会影响到软件最终成本和开发的工作量。但是，软件项目还是能够通过一系列系统的步骤，在可接受的风险范围内进行估算。

（二）进度和质量管理

开发进度和质量管理是确保开发计划执行和风险管控的保障，主要包括项目过程报告和项目过程检验两大重要手段。

1. 项目过程报告

定期或及时地把有关项目进展情况的信息反馈给管理人员对于保证软件开发计划的顺利执行和软件质量是非常重要的。通过报告信息，管理人员可以对项目实施监控，及时修正成本估计、调整进度计划、改进资源配置和人员安排。报告的信息通常包括：①已经完成的工作；②下阶段计划的工作；③偏差、问题及对策；④项目预算执行情况及其他。

为项目制定计划时，应该确立一系列里程碑。在每个里程碑处，开发人员都应该把正式的进展报告提交给管理人员。里程碑代表项目开发过程中一个独特阶段的顶峰。良好的里程碑的特点通常是完成某个文档，例如"完成总体设计"或"正式提出测试计划"等。相反，像"完成了80%的编码工作"这样的里程碑是不好的，因为很难准确判断什么是完成了80%的编码工作。

不应该把每个项目活动都确定为里程碑，否则开发小组用于准备报告的时间可能超过用于系统开发的时间。项目报告的另一种做法是建立月报制度，即每隔一个月定期向管理人员报告一次项目进展情况，通常使用固定格式的月度报告表。

2. 项目过程检验

项目检验是开发过程管理的最后一个方面。它是对照开发计划以及软件工程标准检查实施情况的过程。在发现项目的实施与计划或标准有较大的偏差时，应及时采取措施加以解决。

　　检验管理在软件项目中可能涉及以下三个方面：

　　（1）质量管理。包括明确度量软件质量的指标和准则，决定质量管理的方法和工具以及实施质量管理的组织形式。

　　（2）进度管理。检验进度计划执行的情况。

　　（3）成本管理。度量并控制软件项目的开销。

　　在检验管理时应注意以下问题：

　　（1）重大偏差。在软件项目实施过程中，必须注意发现工作的开展与已制定的计划之间或需要遵循的标准之间的重大偏差。遇到这种情况应及时向管理部门报告并采取相应的措施给予适当的处理。

　　（2）选定标准。检验管理需要事先确定应当遵循的标准或规范，使得软件项目的工作进展可以用某些客观、精确且有实际意义的标准加以衡量。

　　（3）特殊情况。任何事物在一般规律之外都会存在一些特殊情况。管理人员必须把注意力放在软件项目实施的一些特殊情况上，认真分析其中的一些特殊问题，并加以解决。

三、开发技术规范

　　产品开发是一个多技术团队高效协作的过程，特别是大型产品开发必须要形成一套统一的开发质量技术规范，以便于形成统一的内部开发标准和对外服务体验。目前随着移动互联网产品风靡全球，主流的产品开发团队的主要工作是移动端的开发，因此下面重点介绍移动端应用开发过程中常见的技术规范，包括 App 前端页面开发规范、微应用接入规范等。

　　1. App 前端页面开发规范

　　前端开发规范主要为产品 iOS、Android 版本 App 的视觉展示开发提供标准依据，在设备尺寸、界面风格、控件风格等方面明确具体标准，最终约束产品各参与开发团队均采用统一的设计规范进行开发，形成整体统一的移动应用 App 展示风格，突出强化移动端服务产品的整体性、一致性，给用户良好顺畅的视觉体验。主要包括颜色和控件标准，具体可参考第二章第二节。

　　（1）标准色。产品的主色系要切合产品运营主体的公司理念、产品定位和既有的 VI 设计体系。

　　（2）控件标准。主要包括导航栏及标签栏、搜索栏、提示框、分段控制框、滑块 \ 开关、按钮、文字、间距对齐方式等。

2. 微应用接入及管理规范

微应用是指通过调用一个或者多个微服务，实现一组同类型的或紧密耦合的单一业务目标或业务场景的功能逻辑组合软件包。为提升接入 App 产品的质量、确保后续可扩展性和服务的稳定性，必须制定微应用接入和管理规范。微应用开发者可采用标准接口或者公共组件等可复用方式进行开发。

（1）标准接口。包括网络、媒体、文件、数据缓存、位置、设备以及界面等七大类。

1）网络请求类。原生为 H5 封装网络请求、文件的上传和下载接口。原生系统可以更好地保证网络请求中的数据安全，使用 HTTPS 协议的同时对交互数据加解密处理。

2）媒体处理类。原生为 H5 封装媒体处理相关接口，包含图片处理、录音处理、音频和视频处理等接口。原生系统可以更方便、更友好地实现媒体相关功能，实现 JS 不能完成的效果。

3）文件管理类。原生为 H5 提供本地文件处理相关接口，包含文件存储和文件信息获取等接口。

4）数据缓存类。原生为 H5 提供本地数据缓存相关接口，包含数据存储、数据读取、数据删除、数据清空以及缓存信息等接口。

5）位置信息类。原生为 H5 封装位置相关接口，包含位置获取以及地图调起等接口。原生地图 API 相比 H5 地图 API 更为精确，交互也较为友好。

6）设备调用类。原生为 H5 提供系统设备相关接口，包含系统信息、网络状态、拨打电话、扫码、剪贴板、屏幕亮度、用户截屏事件、振动以及手机联系人等接口。

7）界面展示类。App 中根据设计统一定义常用控件，包含 Toast、Loading、Modal 以及 ActionSheet 等。保证风格统一，同时也简化开发工作。

（2）公共组件。除了基于标准接口开发外，还可采用公共组件的方式，来提升开发工作效率。常见的公共组件包括密码安全组件、数据传输加解密组件、图片识别组件、二维码扫描组件、生物识别组件、地图组件、分享组件等。

1）密码安全组件。关键业务需要密码确认时，唤起密码组件。密码组件运行在移动系统的隔离区，当唤起密码安全组件时，用户所录入的密码信息可有效防止被抄录、篡改、截获。组件支持密码输出完成后自动加密和 HASH 处理。

2）数据传输加解密组件。提供微应用与其支撑后端服务接口的数据加解密服务，微应用提供＋单位需要在其支撑后端服务引入数据传输加解密安全 jar 包。

3）图片识别组件。借助手机拍照功能，对线下文件进行扫描，将文件内容自动识别为电子数据，实现便捷录入，降低录入错误率，提升用户体验。组件功能包括身份证、企业三证的识别，可自动唤起拍照功能，支持 IOS 和 Android 操作系统。

4）二维码扫描组件。借助手机拍照功能，对二维码进行扫描识别，自动读取二维码中的数据，供业务使用，为用户提供便捷的数据读取、信息确认功能。

5）生物识别组件。通过生物识别技术对用户身份进行认证，加强真人认证，保证业务发生人的真实性，规避仿冒者，安全认证插件支持指纹识别等功能，组件对生物识别方式进行统一集成并管理，支持自动升级，免去增加新认证手段需要重新接入集成的工作。

6）地图组件。实现多个场景下利用地图进行位置标注、路线规划、周边搜索、地图选址等功能调用，速度快，适配 iOS 和 Android 系统。

7）分享组件。支持文字、图片、链接、音视频、文件、表情等内容一键分享到微信、QQ、新浪微博等主流社交平台。

第二节　产品开发流程及方法

产品开发流程是开展产品高质量交付的重要保障，确保开发过程的标准化和软件质量。产品开发语言是设计需求转化产品的工具。本节重点阐述产品开发流程、产品开发语言与工具等内容。

一、产品开发流程

产品开发流程是产品开发团队开发活动的准则，让各开发活动环节相互间联系更加紧密，更有利于软件产品质量的保障工作。产品开发流程分为详细开发计划制定、开发测试环境准备、人员培训、编码实现（前端开发、后台开发）、代码检查、编写产品支持文档与开发自测（单元测试）等。

（一）详细开发计划制定

开发团队应根据项目进度计划及人员配置情况，细化项目开发任务，编制开发计划。规划项目的"版本发行计划"，说明项目预计的迭代次数、日期、每个迭代预计开发的模块、预计发布的迭代及日期。

（二）开发测试环境准备

软件开发环境在欧洲又叫集成式项目支持环境（integrated project support environment，IPSE），其主要组成是软件工具。人机界面是软件开发环境与用户之间的一个统一的交互式对话系统，它是软件开发环境的重要质量标志。存储各种软件工具加工所产生的软件产品或半成品（如源代码、测试数据和各种文档资料等）的软件环境数据库是软件开发环境的核心。工具间的联系和相互理解都是通过存储在信息库中的共享数据得以实现的。

软件开发环境数据库是面向软件工作者的知识型信息数据库，其数据对象是多元化、带有智能性质的。软件开发数据库用来支撑各种软件工具，尤其是自动设计工具、编译程序等的主动或被动的工作。

较初级的 SDE 数据库一般包含通用子程序库、可重组的程序加工信息库、模块描述与接口信息库、软件测试与纠错依据信息库等；较完整的 SDE 数据库还应包括可行性与需求信息档案、阶段设计详细档案、测试驱动数据库、软件维护档案等。更进一步的要求是面向软件规划到实现、维护全过程的自动进行，这要求 SDE 数据库系统是具有智能的，其中比较基本的智能结果是软件编码的自动实现和优化、软件工程项目的多方面不同角度的自我分析与总结。这种智能结果还应主动地被重新改造、学习，以丰富 SDE 数据库的知识、信息和软件积累。这时候，软件开发环境在软件工程人员的恰当的外部控制或帮助下逐步向高度智能与自动化迈进。

此阶段的主要工作是部署 Web、App 开发测试环境，以及部署需求管理系统、代码管理系统 Git 等。

（三）开发人员培训

开发人员编码前应开展产品开发相关的培训工作。每一位开发工程师需仔细阅读产品设计阶段所确立的成果物视觉设计规范（UI 规范）、服务场景设计说明书（业务模型）、视觉与交互设计说明书（UE）、高保真原型图（UI）和产品设计说明书（详细设计），充分了解产品的功能、性能、限制、接口和可靠性。对于产品设计存在异议的问题，开发团队内部交流汇总后，应尽快与产品设计团队沟通并确认相关问题。对于编码时需遵守的开发语言指南及规范、《前端开发规范》《数据库开发规范》《界面开发规范》《安全编程规范》，应统一开展培训宣贯，并使开发工程师悉知产品开发所用的硬件资源、开发语言和开发工具。

（四）编码实现

在开发测试环境准备完毕、详细开发计划审核通过且开发人员培训完成后，即可进入编码实现阶段。编码实现的来源为详细开发计划与产品设计变更需求，编写内容涵盖前端模块和后台模块。

前端开发是创建 Web 页面或 App 等前端界面呈现给用户的过程，通过 HTML、CSS 及 JavaScript 以及衍生出来的各种技术、框架、解决方案，来实现互联网产品的用户界面交互。它从网页制作演变而来，名称上有很明显的时代特征。在互联网的演化进程中，网页制作是 Web1.0 时代的产物，早期网站主要内容都是静态，以图片和文字为主，用户使用网站的行为也以浏览为主。随着互联网技术的发展和 HTML5、CSS3 的应用，现代网页更加美观，交互效果显著，功能更加强大。在 Web 端，前端开发工程师通过使用 JavaScript 来编写和封装具有良好性能的前端交互组件，并通过 CSS+XHTML 输出 Web 操作界面。前端工程师不仅要考虑前端实现，很多时候也需要了解后台研发，从而不断优化前端代码分层架构，让 Web 产品的稳定性和可用性不断提升。App 客户端开发主要是指 IOS、Android、微信小程序的开发。IOS 开发推荐使用 Xcode，需要运行在 Mac OS 上；Android 开发推荐使用 Eclipse；微信小程序开发需要使用微信开发者工具。

后台开发主要是指服务器端的程序开发，包括 Web 后台开发、组件开发两类。两者之间其实本质上一体的，Web 后台可以看作是组件的前端。Web 后台解析了 HTTP 请求，然后通过层层转发给后面分布式系统的多个组件并调用服务。因为互联网公司的 server 一般都是 Linux，因此还会涉及 Shell 脚本编写、Linux 环境编程等内容，需要熟悉 Linux/Unix 下各种环境编程的 API。

编码完成后，开发工程师需在本地调试确认设计要求的功能已经实现，并将编码过程中修改的 JAVA 源码文件、数据库脚本文件上传 CVS。

（五）代码检查

代码检查包括代码走读（code review），静态分析（static analysis）和动态分析（dynamic analysis）。静态分析就是对软件的源代码进行研读，查找错误或收集一些度量数据，并不需要对代码进行编译和执行。动态分析就是通过观察软件运行时的动作，来提供执行跟踪、时间分析以及测试覆盖度方面的信息。

代码检查的源代码需从 CVS 上下载。按照代码检查的相关要求，开发测试组定期对代码进行检查，将检查出的问题录入问题管理系统，并进行跟踪。有需要时可组织多人对核心代码进行检查及代码评审（review）工作。此外，本阶段应输出代码检查表。代码检查表一般包括开发人员容易出错的地方和在以往工作中遇到的典型错误。对应于不同的编程语言，代码检查表的具体内容将会有所不同。对于 C/C++ 语言，代码检查表内容包括文件结构、文件版式、命名规则、表达式与基本语句、常量、函数设计、内存管理、C++ 函数的高级特性、类的构造函数、析构函数和赋值函数、类的高级特性等。

（六）编写产品支持文档

在编码时，开发工程师对系统参数的配置进行了进一步的细化和确定，需要补充完善系统参数配置说明书。

（七）开发自测（单元测试）

单元测试（unit testing）是指对软件中的最小可测试单元进行检查和验证。一般来说，单元测试中单元的含义要根据实际情况去判定其具体含义，如 C 语言中单元指一个函数，Java 里单元指一个类，图形化的软件中可以指一个窗口或一个菜单等。总的来说，单元就是人为规定的最小的被测功能模块。单元测试是在软件开发过程中要进行的最低级别的测试活动，软件的独立单元将在与程序的其他部分相隔离的情况下进行测试。

在一种传统的结构化编程语言中，比如 C 语言，要进行测试的单元一般是函数或子过程。在像 C++ 这样的面向对象的语言中，要进行测试的基本单元是类。对 Ada 语言来说，开发人员可以选择是在独立的过程和函数，还是在 Ada 包的级别上进行单元测试。单元测试的原则同样被扩展到第四代语言（4GL）的开发中，在这里基本单元被典型地划分为一个菜单或显示界面。

开发工程师可以一边研发一边自测（单元测试），完成所负责功能模块的开发后再进行完整功能模块的自测。开发自测（单元测试）和测试的重点不一样，是为了减少沟通和返工成本，而不是要替代测试工程师的工作。若开发测试阶段发现产品设计存在问题，开发组应将相应问题与建议报送产品设计团队，开展产品设计的快速迭代，修改后的产品设计通过审核后即可重新编码。模块组合（完整功能模块）经过系统调试及自测后，应输出单元测试报告，并将开发成果物交由测试人员开展产品测试。

二、产品开发语言与工具

（一）产品开发语言

产品开发语言是用于书写计算机程序的语言。语言的基础是一组记号和一组规则。根据规则由记号构成的记号串的总体就是语言。在程序设计语言中，这些记号串就是程序。程序设计语言有三个方面的因素，即语法、语义和语用。语法表示程序的结构或形式，亦即表示构成语言的各个记号之间的组合规律，但不涉及这些记号的特定含义，也不涉及使用者。语义表示程序的含义，亦即表示按照各种方法所表示的各个记号的特定含义，但不涉及使用者。语用表示构成语言的各个记号和使用者的关系，涉及符号的来源使用和影响。语用需要通过程序设计语言的编译环境和运行环境来实现。目前主流的产品开发语言如下：

1. O 语言

O 语言是一款中文计算机语言（或称套装：O 汇编语言、O 中间语言、O 高级语言）。

2. Java 语言

作为跨平台的语言，可以运行在 Windows 和 Unix/Linux 下面，长期成为用户的首选。自 JDK6.0 以来，整体性能得到了极大提高，市场使用率超过 20%。

3. 易语言（E 语言）

易语言是一个自主开发、适合国情、不同层次不同专业的人员易学易用的汉语编程语言。易语言降低了广大电脑用户编程的门槛，尤其是根本不懂英文或者对英文了解很少的用户，可以通过使用本语言极其快速地进入 Windows 程序编写的大门。

4. C/C++ 语言

C/C++ 作为传统的语言，一直在效率第一的领域发挥着极大的影响力。像 Java 这类的语言，其核心都是用 C/C++ 写的，在高并发和实时处理、工控等领域更是首选。

5. Basic

美国计算机科学家约翰·凯梅尼和托马斯·库尔茨于 1959 年研制的一种"初学者通用符号指令代码"，简称 BASIC。由于 BASIC 语言易学易用，其很快就成为流行的计算机语言之一。

6. php

同样是跨平台的脚本语言，在网站编程上成为用户的首选，支持 PHP 的主机非常便宜，PHP+Linux+MySQL+Apache 的组合简单有效。

7. Perl

脚本语言的先驱，其优秀的文本处理能力，特别是正则表达式，令其成为以后许多基于网站开发语言（比如 php，java，C#）的基础。

8. Python

一种面向对象的解释性的计算机程序设计语言，也是一种功能强大而完善的通用型语言，已经具有十多年的发展历史，成熟且稳定。Python 具有脚本语言中最丰富和强大的类库，足以支持绝大多数日常应用。

这种语言具有非常简捷而清晰的语法特点，适合完成各种高层任务，几乎可以在所有的操作系统中运行。

基于这种语言的相关技术正在飞速发展，用户数量急剧扩大，相关的资源非常多。

9. C#

微软公司发布的一种面向对象的、运行于 NET Framework 之上的高级程序设计语言。C# 是微软公司研究员 Anders Hejlsberg 的最新成果。C# 看起来与 Java 有着惊人的相似；它包括诸如单一继承、界面，与 Java 几乎同样的语法，和编译成中间代码再运行的过程。但是 C# 与 Java 也有着明显的不同，它借鉴了 Delphi 的一个特点，与 COM（组件对象模型）是直接集成的，而且它是微软公司 .NETwindows 网络框架的主角。

10. Javascript

Javascript 是一种由 Netscape 的 LiveScript 发展而来的脚本语言，主要目的是为了解决服务器终端语言，比如 Perl 遗留的速度问题。当时服务端需要对数据进行验证，由于网络速度相当缓慢，只有 28.8kbps，验证步骤浪费的时间太多。于是 Netscape 的浏览器 Navigator 加入了 Javascript，提供了数据验证的基本功能。

11. Ruby

一种为简单快捷面向对象编程（面向对象程序设计）而创的脚本语言，由日本人松本行弘（まつもとゆきひろ，英译 Yukihiro Matsumoto，外号 matz）开发，遵守 GPL 协议和 Ruby License。Ruby 的作者认为 Ruby>（Smalltalk+Perl）/2，表示 Ruby 是一个语法像 Smalltalk 一样完全面向对象、脚本执行、又有 Perl 强大的文字处理功能的编程语言。

12. Fortran

在科学计算软件领域，Fortran 曾经是最主要的编程语言，比较有代表性的有 Fortran 77、Watcom Fortran、NDP Fortran 等。

13. objective c

这是一种运行在苹果公司的 mac os x，iOS 操作系统上的语言，这两种操作系统的上层图形环境，应用程序编程框架都是使用该语言实现的。随着 iPhone、iPad 的流行，这种语言也开始在全世界流行。

14. Pascal

Pascal 是一种计算机通用的高级程序设计语言。它由瑞士 Niklaus Wirth 教授于 20 世纪 60 年代末设计并创立。Pascal 语言语法严谨，层次分明，程序易写，具有很强的可读性，是第一个结构化的编程语言。

15. Swift

Swift 是苹果公司于 2014 年 WWDC（苹果开发者大会）发布的新开发语言，可与 Objective-C* 共同运行于 Mac OS 和 iOS 平台，用于搭建基于苹果平台的应用程序。

（二）产品开发工具

软件开发工具是用于辅助软件生命周期过程的基于计算机的工具。通常可以设计并实现工具来支持特定的软件工程方法，减少手工方式管理的负担。与软件工程方法一样，他们试图让软件工程更加系统化，工具的种类包括支持单个任务的工具及囊括整个生命周期的工具。

产品开发工具可基于平台不同按 PC 端与移动应用端分类，也可根据用途的不同分类。

1. PC 端开发工具

基于软件语言的特点，软件中常用的开发工具有 Java 开发工具、net 开发工具、delphi 开发工具等。

MyEclipse（MyEclipse Enterprise Workbench）应用开发平台是 J2EE 集成开发环境，包括完备的编码、调试、测试和发布功能，完整支持 HTML，Struts，JSF，CSS，Javascript，SQL，Hibernate。MyEclipse 应用开发平台结构上实现 Eclipse 单个功能部件的模块化，并可以有选择性地对单独的模块进行扩展和升级。

Eclipse 是目前功能比较强大的 JAVA IDE（JAVA 编程软件），是一个集成工具的开放平台。这些工具主要是一些开源工具软件，在一个开源模式下运作，并遵照共同的公共条款。Eclipse 平台为工具软件开发者提供工具开发的灵活性和控制自己软件的技术。

NetBeans 是开放源码的 Java 集成开发环境（IDE），适用于各种客户机和 Web 应用。Sun Java Studio 是 Sun 公司最新发布的商用全功能 Java IDE，支持 Solaris、Linux 和 Windows 平台，适于创建和部署 2 层 Java Web 应用和 n 层 J2EE 应用的企业开发人员使用。

Microsoft Visual Studio 是一套完整的开发工具，用于生成 ASP NET Web 应用程序、XML Web services、桌面应用程序和移动应用程序。Visual Basic、Visual C# 和 Visual C++ 都使用相同的集成开发环境（IDE），这样就能够进行工具共享，并能够轻松地创建混合语言解决方案。

2. 移动应用端开发工具

Eclipse ADT 是 Eclipse 平台下用来开发 Android 应用程序的插件。

The SDK and AVD Manager 包括管理不同的 Android SDK 版本（构建目标），由于 Android 的版本众多，API 上有些兼容性问题。另外该工具还用于管理 ndroid 虚拟设备配置（AVD），用来配置模拟器。

adb（Android Debug Bridge）是 Android 提供的一个通用的调试工具，借助这个工具可以管理设备或手机模拟器的状态。

DDMS 的全称是 Dalvik Debug Monitor Service，它提供例如为测试设备截屏，针对特定的进程查看正在运行的线程以及堆信息、Logcat、广播状态信息、模拟电话呼叫、接收 SMS、虚拟地理坐标等功能。

The Android Emulator and Real Devices 是 Android 的模拟器，可以帮助在不同的设备上测试 Android 应用的运行效果。

LogCat 是 Android 中一个命令行工具，可以用于得到程序的 log 信息。Android 日志系统提供了记录和查看系统调试信息的功能。日志都是从各种软件和一些系统的缓冲区中记录下来的，缓冲区可以通过 logcat 命令来查看和使用。

3. 按照用途分类的软件开发工具

见表 4-2。

表 4-2   按照用途分类的软件开发工具

工具类型	工具名称	厂商	用途说明		替代工具名称
开发类	Myeclipse	Genuitec	企业级集成开发环境，主要用于 Java、Java EE 以及移动应用的开发		Eclipse
	Eclipse	开源	Java 集成开发环境，通过安装不同的插件 Eclipse 可以支持不同的计算机语言，比如 C++ 和 Python 等开发工具		Myeclipse
	PL/SQL Developer	Allround Automations	Oracle 数据库集成开发环境		
	SQLyog	Webyog	简洁高效、功能强大的图形化 MySQL 数据库管理工具		
设计类	Power Designer	sybase	数据库模型设计工具，包括数据库的 CDM 概念模型设计、PDM 物理模型设计		
	Axure RP Pro	Axure	界面原型设计		
	Microsoft office	微软	需求、设计文档编辑工具，主要包括 Word、Excel 等文档		
	Adobe illustrator	Adobe	软件的图标、logo 设计		
	Adobe Photoshop	Adobe	软件的可视化图形设计		
	Sketch	Adobe	移动端和 PC 端网页设计		
	Visio	微软	系统架构图设计、业务流程图设计		
打包	ant	开源	Java 源代码编译		
	maven	开源	Java 源代码编译		
测试类	Junit	开源	主要用于 Java 代码的单元测试		
	QTP	HP	自动化功能测试，主要是用于回归测试和测试同一软件的新版本		
	Load Runner	HP	自动化性能测试，通过模拟实际用户的操作行为和实行实时性能监测，查找和发现问题		
项目管理	BRT	朗新科技	支撑项目开发运维任务的全过程闭环管理，处理过程包含问题登记、需求确认、设计、开发、测试、版本发布、现场反馈、任务关闭等		
	禅道	开源	主要用于产品出厂之前的测试问题跟踪管理		BRT
配置管理	SVN	开源	代码仓库管理、项目文档资料管理		GIT
	GIT	开源	代码仓库管理、项目文档资料管理		SVN
	VSS	微软	项目文档资料管理		SVN

108

第五章　产品测试

产品测试是将产品原型或产品成品提供给消费者，由消费者根据自己的想法对产品属性进行评价，从中系统地获得消费者的意见和建议。

第一节　软件产品测试概述

随着信息技术的飞速发展，软件产品的大量普及并应用到了各个领域，软件产品的质量逐渐成为人们共同关注的焦点。软件产品开发企业为了占有市场，必须把软件产品质量作为企业的重要目标之一，以在激烈的竞争中获得市场优势。软件产品测试就是保障软件产品质量的一个重要手段。

一、产品测试基础

随着软件复杂程度日益增加，软件缺陷也会有所增长，通常在没有严格质量控制的情况下，会造成严重的质量事故。

软件缺陷是指计算机的硬件、软件系统（如操作系统）或应用软件（如掌上电力 App、电 e 宝 App 等）出现的错误，大家经常会把这些错误叫作"Bug"，什么地方出了问题，就说什么地方出了 Bug，也就用 Bug 来表示计算机系统或程序中隐藏的错误、缺陷或问题。本书中所指的测试主要指针对应用软件产品的测试。

软件的错误基本上是由于软件开发企业设计错误而引发的。设计完善的软件不会因用户可能的误操作产生 Bug，如本来是做加法运算，但错按了乘法键，这样用户会得到一个不正确的结果，这个误操作产生错误的结果，但不是 Bug。

为了减少因为软件缺陷问题导致软件运行错误，软件测试不断地得到加强、重视和持续发展。

1. 软件产品测试的定义

1983 年，IEEE（电气电子工程师学会）将软件测试定义为：使用人工和自动手段来运行或测试某个系统的过程，其目的在于检验它是否满足规定的需求，或弄清预期结果与实际结果之间的差别。软件测试就是在软件投入正式运行前期，对软件需求文档、设计文档、代码实现的最终产品以及用户操作手册等方面进行审查的过程。软件测试通常主要描述了两项内容。

描述 1：软件测试是为了发现软件中的错误而执行程序的过程。

描述 2：软件测试是根据软件开发各个阶段的规格说明和程序的内部结构而精心设计的多组测试用例（即输入数据及其预期的输出结果），并利用这些测试用例运行程序以发现错误的过程，即执行测试步骤。软件测试用例是针对需求规格说明书中相关功能描述和系统实现而设计的，用于测试输入、执行条件和预期输出。测试用例是执行软件测试的最小实体。

2. 软件产品测试的价值

软件产品测试并不仅仅是为了要找出错误，没有发现错误的测试也是有价值的。软件产品测试主要是保证新开发的产品或某项功能满足客户需求，是评定测试质量的一种方法。软件产品测试主要有三个目的：第一是确认软件的质量，验证产品是以正确的方式做了期望做的事情；第二为了风险评估提供信息，确保产品的信息交互过程以及数据内容符合信息安全的要求；第三是保证整个软件开发过程的高质量，避免产品开发完成后出现大量缺陷问题。软件开发出来是给用户使用的，做产品测试就是为了让用户体验更好，让产品拥有更好的商业化价值，给企业带来更好的品牌效果。例如：供电企业开发的掌上电力 App 产品，让电力客户实现全业务线上办理、居民业务"一证通办"，同时达到了 16 项简单业务"一次都不跑"、5 项复杂业务"最多跑一次"，一年减少用户跑腿 582 万次。掌上电力 App"最多跑一次"成效见图 5-1。

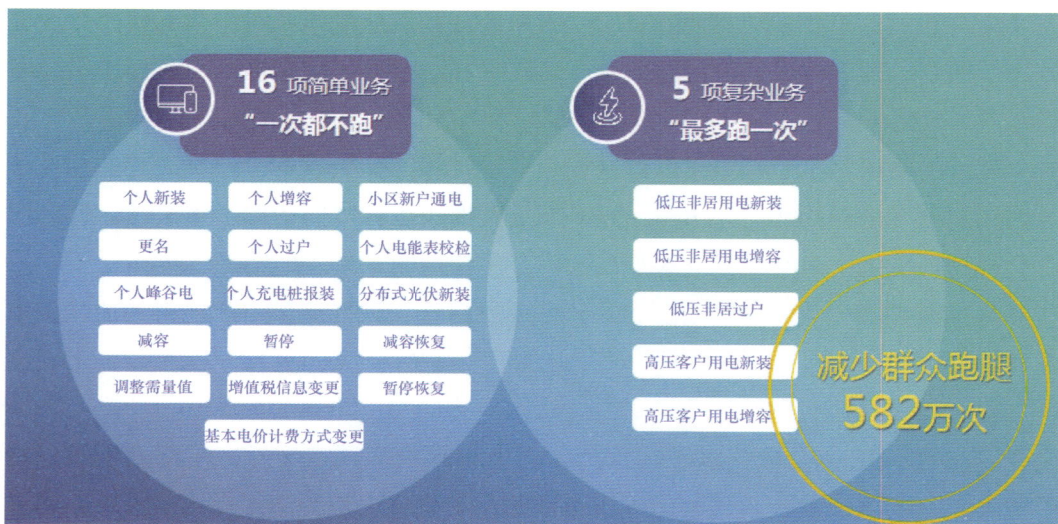

图 5-1 掌上电力 App"最多跑一次"成效

二、产品测试模型

为了尽早发现软件产品中可能存在的缺陷和风险，帮助产品经理、开发人员甚至是市场人员在产品周期的早期阶段修复和解决软件系统中存在的问题，规避风险，降低成本，测试工程师研究出了用一个模型，用来指导整个软件测试过程。软件测试经过的瀑布模型、V 模型、W 模型、H 模型、敏捷模型，到今天的比较流行的 Devops，在做的都是使产品质量的风险降到最低。

（一）常用测试模型

1. 瀑布模型

1970 年温斯顿·罗伊斯（Winston Royce）提出了著名的瀑布模型，瀑布模型是由瀑布开发模型演变而来的。瀑布模型将软件生命周期划分为制定计划、需求分析、软件设计、程序编写、软件测试和上线运营六项基本活动，其过程是将上一项活动接收的工作对象作为输入，当该项活动完成后会输出该项活动的工作成果，并将该项成果作为下一项活动的输入，瀑布模型如图 5-2 所示。例如：供电企业的"网上国网"项目的中台系统（共享服务中心）主要采用瀑布模型进行开发和测试来实现。

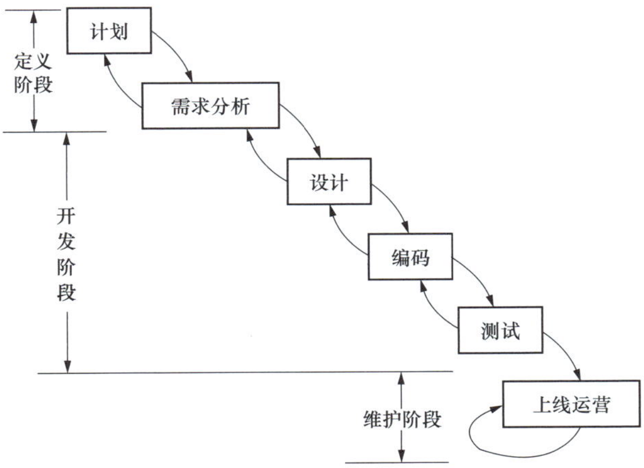

图 5-2　瀑布模型

瀑布模型的优点是为项目提供了按阶段划分的检查点，当前一阶段完成后，只需要关注后续阶段。瀑布模型的缺点是项目中各个阶段之间极少有反馈，只有在项目生命周期的后期才能看到结果，其最大的缺点是不能适应用户需求的变化。瀑布模型适用于能够采用线性的方式来完成开发的软件。

2. 敏捷测试模型

敏捷测试通过不断修正质量指标，正确建立测试策略，确认客户的有效需求能

111

得以圆满实现和确保整个生产过程安全、及时地发布最终产品。例如：供电企业的"网上国网"项目前端掌上电力 App 主要采用敏捷模型进行开发和测试来实现。

敏捷测试是遵守敏捷开发方法原则之下的软件测试实践，如图 5-3 所示。敏捷开发的特点是产品功能开发周期短、迭代频率高、上线速度快，简称短、频、快，在这个模式下，敏捷测试也要求和开发步调一致。

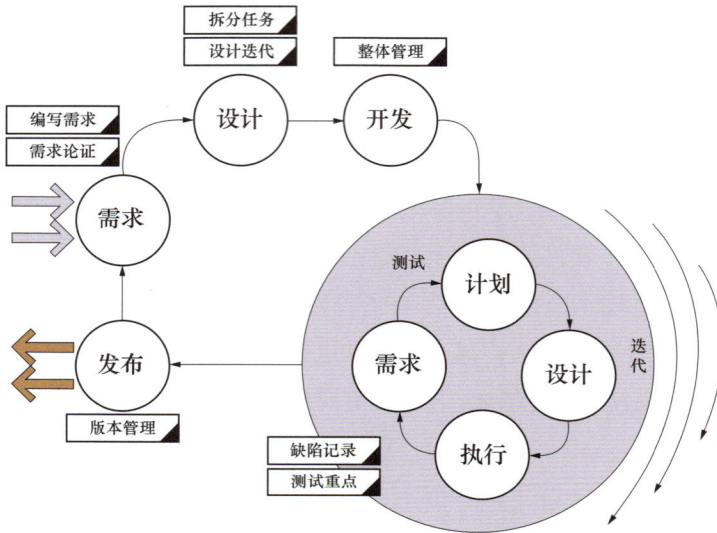

图 5-3　敏捷开发中的敏捷测试

3.DevOps 模式

DevOps 是一种软件开发方法，涉及软件在整个开发生命周期中的持续开发、持续测试、持续集成、持续部署和持续监控。

DevOps 的目的是更快速，更可靠地创建质量更好的软件，同时开发、运维团队之间进行更多的沟通和协作。DevOps 模型如图 5-4 所示，它是一个自动化过程，允许快速，安全和高质量的软件开发和发布，同时保持所有利益相关者在一个循环中。当前顶级互联网公司大多都会选择 DevOps 作为软件产品开发和测试的模型，可以保证在较短的开发周期内开发高质量软件，提高客户满意度。

（二）不同测试模型的区别

瀑布模型是一环接着一环，如有需求变动，则改动成本太高；敏捷模式解决了开发的速度和及时响应问题，所有人平行协作，很好地响应了变化的需求；随着开发的迭代越来越快，还需要解决上线的问题，才能很好地保证一个开发的最终交付，于是 DevOps 模型中增加了运维的维度。瀑布、敏捷和 DevOps 模型的区别如图 5-5 所示。

图 5-4　DevOps 模型

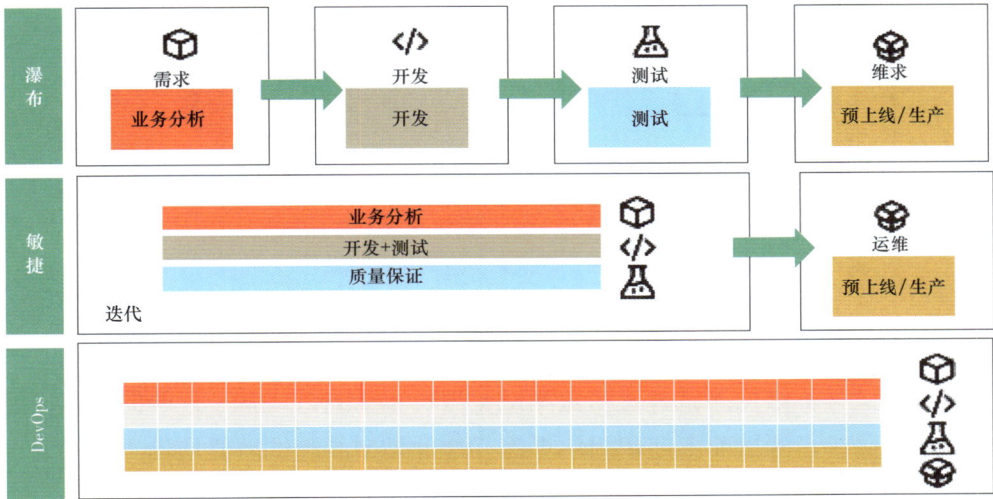

图 5-5　瀑布、敏捷和 DevOps 模型的区别

三、产品测试分类

关于软件产品的测试，根据不同的理解，分类标准多种多样，本章将按照产品测试方法、产品测试阶段和产品测试目标特性进行分类阐释，产品测试分类见图 5-6。

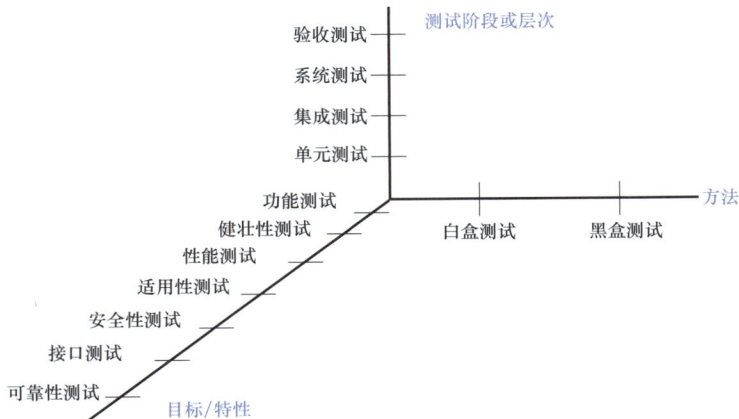

图 5-6　产品测试分类

（一）根据测试方法分类

产品测试方法根据是否关心软件产品内部结构和具体实现，也可以理解为按是否查看代码划分，可分为白盒测试、黑盒测试。白盒测试和黑盒测试的形象图如图5-7所示。

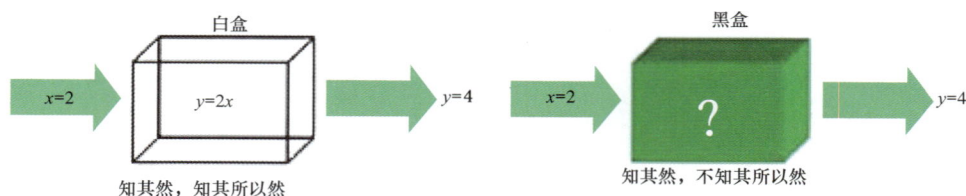

图 5-7　白盒测试和黑盒测试的形象图

1. 白盒测试

白盒测试又称结构测试、透明盒测试、逻辑驱动测试或基于代码的测试，通过程序的源代码进行测试而不使用用户界面。这种类型的测试需要从代码句法发现内部代码在算法、溢出、路径、条件等等中的缺点或者错误，进而加以修正，白盒测试思路见图5-8。

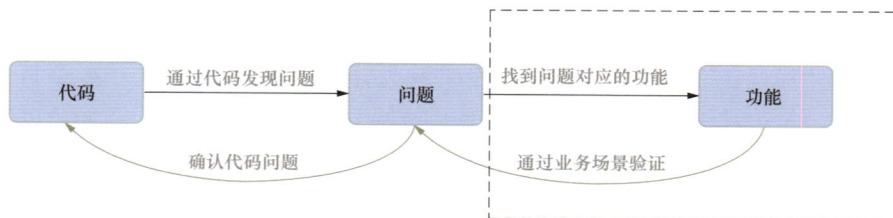

图 5-8　白盒测试测试思路

白盒测试需要对代码透明和可视，其优点在于测试较为彻底，测试介入较早，不需要对代码进行集成和打包；缺点也显而易见，门槛较高，需要一定的代码功底。

2. 黑盒测试

黑盒测试可理解为功能测试，是指把被测的软件当成一个黑盒子，通过使用整个软件或软件的某个功能来严格地测试，不需要通过检查程序的源代码或者很清楚地了解该软件的源代码程序具体是怎样设计的。黑盒测试思路见图5-9。

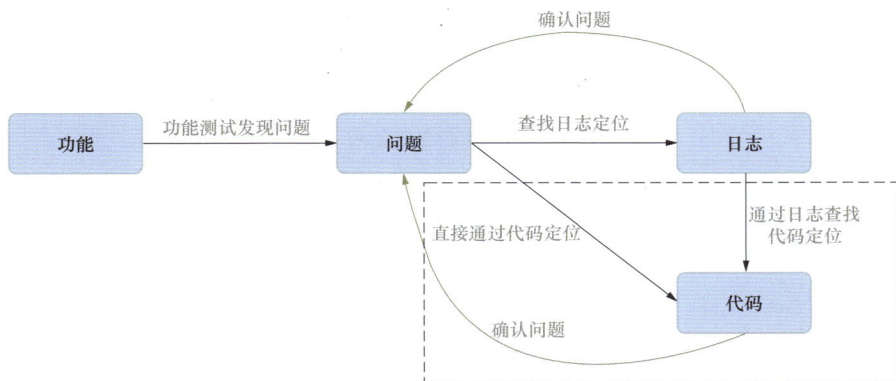

图 5-9 黑盒测试思路

黑盒测试不需要对代码可视，在一定的测试环境中运行程序或软件即可比对实际结果和预期结果。其优点是测试一旦接入后对程序的反馈比较直接，能直观反馈产品到用户手中的各种可能性情况；缺点是黑盒测试很难直观地判断代码的覆盖率，在一些不常见的逻辑处理中容易有漏测情况发生。

（二）根据测试阶段分类

根据软件产品不同开发阶段，产品测试可分为单元测试、集成测试、系统测试、验收测试，不同阶段的测试内容如下。

1. 单元测试

单元测试是对软件设计的最小单元模块进行测试，又称为模块测试。单元测试在执行的过程中紧密地依照程序框架对产品的函数和模块进行测试，其目的是检验软件基本组成单位的正确性。单元测试工作任务见表 5-1。

表 5-1   单元测试工作任务表

测试阶段	编码后
测试对象	最小模块
测试人员	白盒测试工程师或开发工程师
测试依据	代码和注释 + 详细设计文档
测试方法	白盒测试
测试内容	（1）模块局部数据结构测试； （2）模块中所有独立执行路径测试； （3）模块的各条错误处理路径测试； （4）模块边界条件测试

2. 集成测试

集成测试也称联合测试、组装测试，将程序模块采用适当的集成策略组装起来，对系统的接口及集成后的功能进行正确性检测，主要目的是检查软件单元之间的接口是否正确。集成测试工作任务见表 5-2。

表 5-2 集成测试工作任务表

测试阶段	一般单元测试之后进行
测试对象	模块间的接口、集成后功能
测试人员	白盒测试工程师或开发工程师
测试依据	单元测试的模块 + 概要设计文档
测试方法	黑盒测试 + 白盒测试
测试内容	模块之间数据传输、模块之间功能冲突、模块组装功能正确性、全局数据结构、单模块缺陷对系统的影响

3. 系统测试

集成测试通过以后，软件已经组装成一个完整的软件包，这时就要进行系统测试。系统测试是针对整个产品包括对功能、性能以及软件所运行的软硬件环境进行测试，其目的是验证系统是否满足产品需求文档的定义，找出与产品需求文档不相符的或与之矛盾的地方。系统测试工作任务见表 5-3。

表 5-3 集成测试工作任务表

测试阶段	集成测试通过之后
测试对象	整个系统（软、硬件）
测试人员	黑盒测试工程师
测试依据	产品需求文档
测试方法	黑盒测试
测试内容	功能、界面、可靠性、易用性、性能、兼容性、安全性等

4. 验收测试

系统测试完成之后，软件已完全组装起来，接口方面的错误也已排除，这时可以开始对软件进行最后的验收测试。验收测试是部署软件之前的最后一个测试操作，也称为交付测试。验收测试的目的是确保软件准备就绪，按照项目合同、任务书、双方约定的验收依据文档，向软件使用客户展示该软件系统满足原始需求。验收测试工作任务见表 5-4。

表 5-4　　　　　　　　　　　　　　　　验收测试工作任务表

测试阶段	系统测试通过之后
测试对象	整个系统（包括软硬件）
测试人员	主要是最终用户或者需求方
测试依据	用户需求、验收标准
测试方法	黑盒测试
测试内容	人机界面和其他方面（例如，可移植性、兼容性、错误恢复能力和可维护性等）是否满足客户要求

（三）根据测试目标特性分类

软件产品测试根据产品目标特性不同进行分类，产品测试主要可分为功能测试、兼容性测试、易用性测试、性能测试、安全性测试及自动化测试，具体内容如下。

1. 功能测试

功能测试是对产品的各功能进行验证，根据功能测试用例逐项测试，检查产品是否达到用户要求的功能。功能测试是为了确保程序以期望的方式运行而对软件进行的测试，通过对一个系统的所有功能都进行测试确保符合需求和规范。

功能测试分为用例测试和 Bug 探索测试两部分。

（1）用例测试。依据软件产品的需求说明书，由测试团队结合产品文档及需求原型，对软件产品功能进行系统全面的测试用例的设计与执行，逐一验证功能完整性、正确性及适用性。

（2）Bug 探索测试。由测试团队或用户依据软件产品测试需求，采用探索性测试方法对软件产品的功能模块进行多人次、多场景的功能测试和验证的服务，探索发现软件产品中存在的 Bug。Bug 探索测试一般应用于敏捷测试模型中。

2. 兼容性测试

软件产品的兼容性测试是指检查各软件之间或软件和硬件之间能否正确地进行交互和共享信息。随着用户对来自各种类型软件之间的共享数据能力和充分利用空间同时执行多个程序能力的要求，测试产品之间能否协作变得越来越重要。兼容测试工作的目的是保证软件之间或软件和硬件之间更好地适配。

3. 易用性测试

易用性测试是指用户使用软件时是否感觉方便，比如是否最多点击鼠标三次就可以达到用户的目的。易用性和可用性存在一定的区别，可用性是指是否可以使用，而易用性是指是否方便使用。

易用性测试除了对应用程序进行测试，同时还需要对用户手册系统文档进行测试。应用程序的测试主要包括对导航、图形、内容、整体界面的易理解性、易学习性、易操作性、吸引性、依从性等方面的测试。

4. 性能测试

性能测试指通过自动化的测试工具模拟多种正常、峰值以及异常负载条件来对系统的各项性能指标进行测试。比如负载测试和压力测试都是性能测试，通过负载测试，确定在各种工作负载下系统的功能，目标是测试当负载逐渐增加时，系统各项指标的变化情况；压力测试是通过确定一个系统的瓶颈或者不能接受的性能拐点，来获得系统能够提供的最大服务级别的测试。

5. 安全性测试

安全性测试是在软件产品的生命周期中，特别是在产品开发基本完成到发布阶段之间，对产品进行检验以验证产品符合安全需求定义和产品质量标准的过程。

安全性测试主要检查系统对非法侵入的防范能力。测试期间，测试人员模拟非法入侵者，采用各种办法试图突破防线。例如：想方设法截取或破译口令，越权访问，或试图通过浏览非保密数据，推导所需信息，等等。

6. 自动化测试

自动化测试是把以人为驱动的测试行为转化为机器执行的一种过程，通过编写代码、脚本，让软件自动运行，发现缺陷，代替部分手工测试，提高测试效率。自动化测试主要包括单元自动化测试、接口自动化测试和 UI 自动化测试。

第二节　产品测试管理规范

产品测试管理规范主要为项目组及测试人员明确了软件测试工作的流程及准入和准出原则，对测试过程中涉及的角色职责分工进行总体规范，保障软件质量。产品测试管理规范工作对项目组各环节成员具有一定的约束力，有利于减少开发与测试之间的沟通成本、保证项目进度，对提高软件质量有着积极的意义。

一、测试组织架构与职责分工

（一）组织架构

每个企业会结合公司内部 IT 组织规模、项目大小、开发模式，组建适合于自己企业内部的测试组织架构，以支撑公司软件测试工作的开展。常见的测试组织有项目制、产品制和测试中心三种。

1. 项目制组织

项目制组织无独立的测试部门，测试、开发和需求等人员都属于一个团队中。

此种组织模式一般在敏捷开发模式或短期项目开发场景下应用。项目制组织见图5-10。

图 5-10　项目制组织

这种团队优势是测试人员和需求分析人员或开发人员的交流会非常顺畅，能够快速掌握业务细节，更有效率地开展产品的测试工作。缺点是测试团队没有独立的组织，测试话语权受到项目经理或开发经理的影响，对测试工作的推进和开展主要取决于项目经理或开发经理对质量的认识和对质量的态度，有时会影响测试人员的工作心态。

2. 产品制组织

产品制组织有自己独立的测试部门，测试团队和产品的其他团队分别独立运行。此种组织模式一般在大项目且项目周期长场景下应用，以长期保证产品的质量。产品制组织见图5-11。

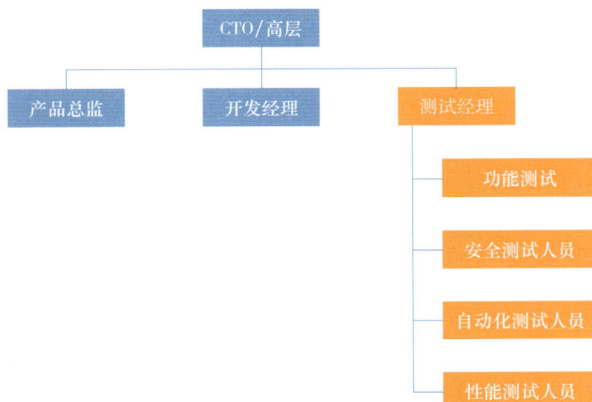

图 5-11　产品制组织

独立的测试团队优势是测试人员有更多的话语权和主导权，能够更好地展开测试活动，让测试流程更加规范，可以帮助开发内建质量控制规范。缺点是团队独立后测试人员和需求分析人员或开发人员之间有一定的距离感，导致有时测试沟通交流会不顺畅，相互形成对立面，从而影响对产品业务掌握的深度。

3. 测试中心组织

测试中心组织将测试部门的独立性提高到更高的层次，测试中心作为协调中心统筹各项目的测试需求。测试中心组织见图 5-12。

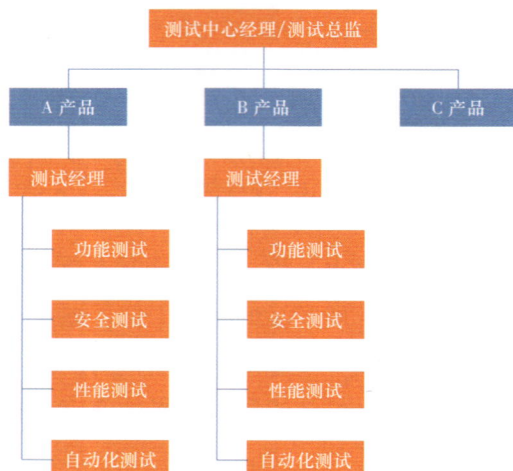

图 5-12　测试中心组织

测试中心组织的优势是将测试团队人员的话语权提高到更高层次，也有一定的经费支撑测试技术的规划落地，让测试技术能一直和前沿技术接轨服务于产品团队，更有利于将前沿的测试技术应用到软件产品测试中，更好地保障软件产品质量。缺点是在资源协调统筹方面会有一定的不公性。供电企业"网上国网"项目测试组织就采用测试中心组织的形式，"网上国网"项目组织见图 5-13。

（二）职责分工

依据不同公司测试组织的人员岗位规划，常见的测试岗位包括测试总监、测试经理、功能测试人员、安全测试人员、性能测试人员和自动化测试人员，具体测试岗位职责分工见表 5-5。

二、测试规范流程

规范的软件测试流程一般可划分为四个工作阶段，即测试需求分析阶段、测试设计阶段、测试执行阶段和测试复盘阶段，每个阶段都由不同的测试活动组成，测

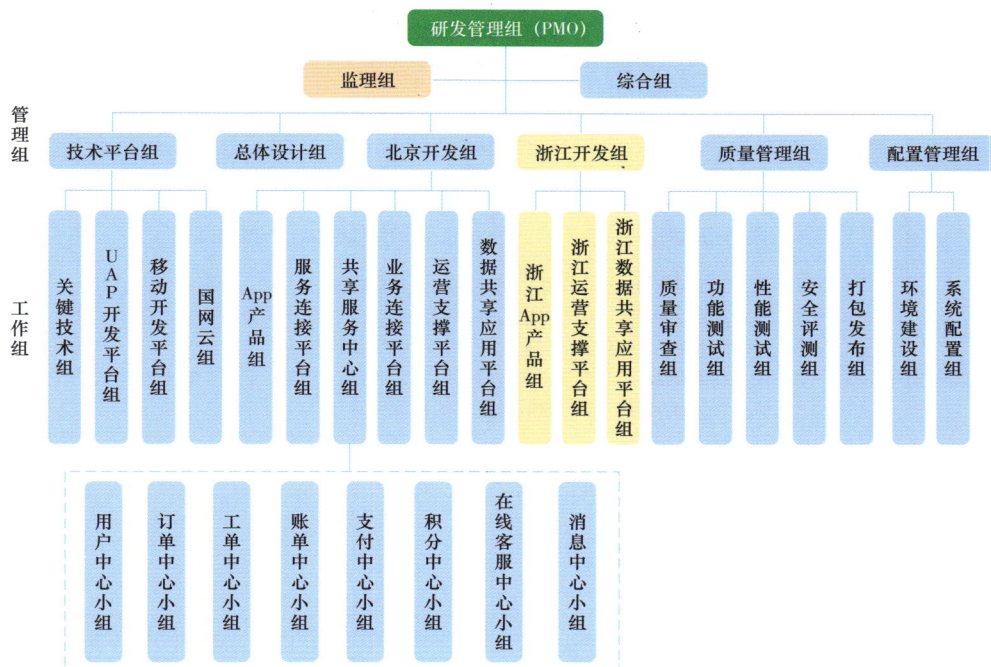

图 5-13 "网上国网"项目组织

表 5-5 测试岗位职责分工

岗位	岗位职责
测试总监	（1）负责制定总体测试规划，技术规划； （2）负责测试流程优化工作，建立规范化、制度化的测试流程及相关标准化规范文件； （3）全面负责公司软件产品及项目的质量管控工作，带领测试团队开展软件项目测试工作； （4）负责测试管理体系的建设和管控； （5）测试团队能力建设和文化建设
测试经理	（1）负责项目测试环境规划和缺陷管理库的维护； （2）协调测试组日常事宜，包括与开发、需求、设计人员的沟通交流； （3）分配任务并指导团队测试人员进行测试工作； （4）协调部门资源配合公司各个项目的测试工作，组织培养测试部门人员的技能和业务培训； （5）指导测试人员技能提升与职业发展； （6）测试复盘总结、汇报
功能测试人员	（1）根据软件设计需求制定测试计划，设计测试数据和测试用例； （2）有效地执行测试用例，提交测试报告； （3）准确定位并跟踪问题，推动问题及时合理地解决； （4）测试经验交流总结
安全测试人员	（1）负责软件产品的安全测试和安全自动化测试； （2）编写测试用例，按照规范测试并详细记录测试结果； （3）发现问题需及时记录反馈，实时跟踪并给出合理建议； （4）学习和掌握信息安全相关标准和测试方法，熟练使用安全测试工具

续表

岗位	岗位职责	
性能测试人员	（1）负责平台的性能测试、性能测试环境搭建等； （2）分析产品性能，给出完整的性能评估报告； （3）参与架构设计的讨论，在性能风险上给出意见； （4）制定性能测试流程规范； （5）对团队成员进行技能培养，使整个团队的性能测试能力得以提高	
自动化测试人员	（1）负责搭建自动化测试环境，完善优化自动化框架； （2）设计用例、将手工用例转化为自动化测试用例，持续完善维护自动化测试脚本； （3）针对特定的测试或开发问题，开发相应的工具供使用； （4）使用持续集成工具对产品进行持续回归，收集、整理、记录、提交相应的测试结果； （5）研究、使用和推广新的测试技能、测试框架； （6）制定测试计划方案，编写及执行自动化脚本，分析测试结果，协调研发人员定位并协助解决问题	

试规范流程及工作内容见图 5-14。

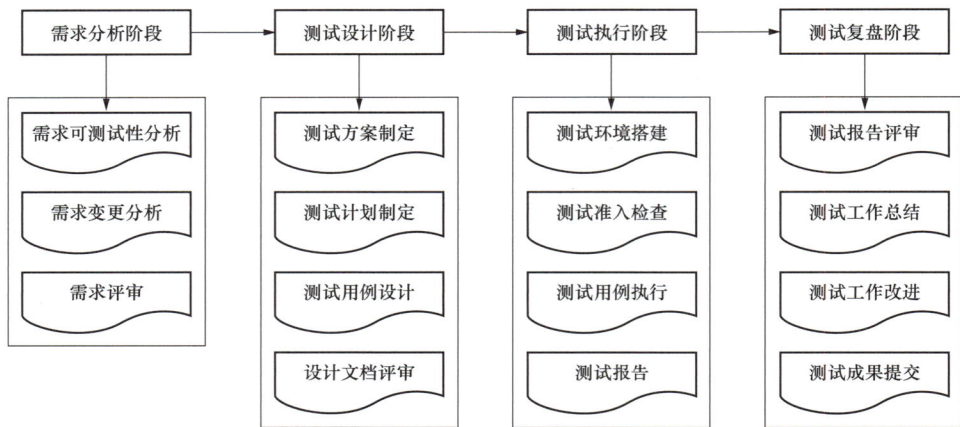

图 5-14　测试规范流程及工作内容

三、测试启动和退出准则

测试启动和退出准则主要是为了保障各环节测试活动能正常进行，提高软件测试工作效率，减少不必要的测试返工。测试启动和退出准则见表 5-6。

测试启动准则是指允许软件产品可以进行测试执行所具备的条件，只有满足启动准则的条件才可以进行测试实施的具体工作。

测试退出准则是检验测试对象是否符合预先定义的一组测试目标，是判断测试活动是否完成的依据。

表 5-6 测试启动和退出准则

阶段	测试活动	启动准则	退出准则
需求分析阶段	测试需求分析	需求说明书编写完成； 需求评审完成且已完成修订	完成需求分析功能脑图； 完成变更分析列表； 完成需求可测试分析报告
测试设计阶段	测试方案设计	需求说明书定稿； 可测试分析完成	方案评审完成； 评审记录； 方案完成评审修订
	测试计划编写	项目阶段性计划确定； 需求说明书定稿	计划评审完成； 评审记录； 计划完成评审修订
	测试设计	需求说明书定稿； 详细设计说明书定稿； 测试方案定稿； 产品原型图（如有）	评审完成； 评审记录； 完成评审修订
测试执行阶段	功能测试	测试环境搭建完成； 需求、方案、用例等测试文档已更新； 开发自测完成； 冒烟测试通过	测试对象功能无重大问题； 功能问题数量在项目定义的基线范围内； 测试用例全部覆盖完成； 测试报告交付
	兼容测试	测试环境搭建完成； 兼容测试场景确定； 兼容测试场景功能测试通过	兼容无重大及批量问题； 兼容问题数量和通过率在项目定义的基线范围内； 兼容测试报告交付
	易用性测试	产品开发完成； 功能测试通过； 产品易用性规范清单完成	产品易用性规范清单检查点全部测试完成； 测试报告交付； 易用性问题整改完成
	安全测试	功能测试通过； 安全测试方案定稿； 安全测试环境准备就绪	覆盖所有安全测试方案中的测试场景与测试点； 系统未发现中危或高危漏洞； 安全测试报告交付
	性能测试	性能测试环境搭建完成； 测试的性能场景其功能测试通过； 性能测试数据准备完成（加密算法，万能验证码等）	报告交付； 性能指标记录存档； 要求执行的性能场景执行完成； 性能分析工作完成
	自动化测试	环境搭建完成； 单元编码完成（单元测试）； 接口调试完成（接口测试）； 功能测试通过（UI）； 测试数据准备完成	规定的测试用例测试完成； 测试报告交付； 问题记录在案
测试复盘阶段	测试复盘	测试完成； 测试材料交付	复盘总结资料完成； 复盘问题改进落实责任人

第三节 产品测试流程和方法

产品测试流程是开展测试活动的依据，用于保障测试活动的正常进行，而测试方法是对各测试活动的支撑，是各测试活动的实践落地，本节将围绕产品测试流程和方法进行讲解。

一、测试流程

测试流程是测试团队开展测试活动的准则，让各测试活动环节相互间联系更加紧密，更有利于软件产品质量的保障工作。软件测试常用流程如图 5-15 所示。

图 5-15　软件测试常用流程

（一）产品需求测试分析

产品需求测试分析是测试第一步，也是最重要的一个环节，在需求分析阶段发现需求问题可以大大减少后续引入的问题修复成本，同时深入的需求分析可以设计出更精准的测试方案和用例场景，让产品测试覆盖更加全面。另外，对于一些特殊的测试需求无法验证的，也可以提出可测试性分析，让开发人员协助后续产品的测试验证。

1. 需求测试分析流程（见图 5-16）

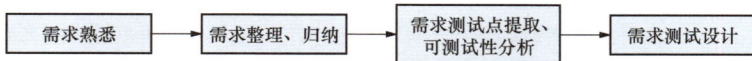

图 5-16　需求测试分析流程

2. 需求测试分析方法

需求测试分析方法主要包括质量模型分析、功能交互分析、用户场景分析和测试子项分析。常用的需求测试分析工具主要是 Testlink、禅道、JIRA、XMIND、EXCE。

（1）质量模型分析。根据需求中规定的软件功能性、非功能性需求，根据不同的质量特性分析，来确定产品的测试类型。

（2）功能交互分析。通过功能间的交互分析来提高测试完整性。

（3）用户场景分析。站在用户使用产品的角度进行分析，分析用户的操作场景，并将此场景用作测试案例。

（4）测试子项分析。将单独的功能点进行详细分析、细化，拆分为每个测试原子集，以此提高用例设计的功能覆盖颗粒度。如供电企业"掌上电力"App 登录功能点子项分析如图 5-17 所示。

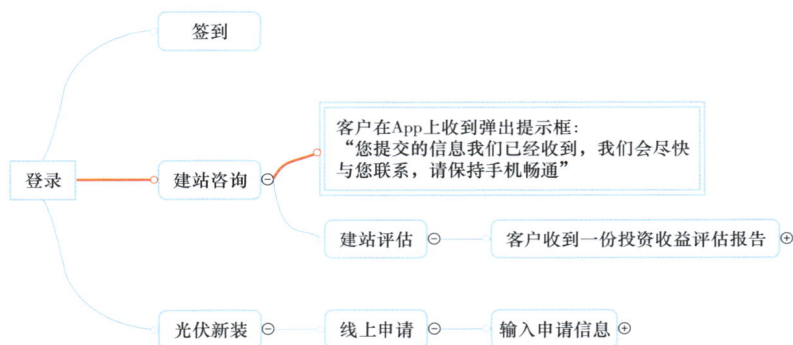

图 5-17　"掌上电力"App 登录功能点子项分析

（二）测试设计

测试设计的文档是后续测试执行活动的依据，测试执行活动将围绕设计的文档开展进行，测试设计环节必须严谨、详细、完整。常用的测试设计工具主要包括禅道、JIRA、Testlink、Word、Excel。

1. 测试设计流程（见图 5-18）

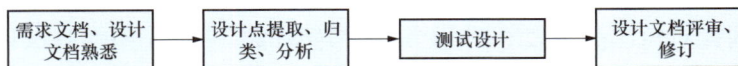

图 5-18　测试设计流程

2. 测试设计内容

测试设计内容主要包括测试方案文档、测试规程文档和测试用例文档。

（1）测试方案文档。描述产品需要测试的特性、测试目标、测试的范围、测试的方法、测试通过准则、测试环境的规划、测试工具的设计和选择等。

（2）测试规程文档。详细地对每个测试类型方法、测试工具、测试环境、测试准入准出条件、测试数据进行描述。

（3）测试用例文档。把产品需求每个功能点转换为一种可操作执行的步骤（手工或自动化），验证实测结果和产品需求功能点是否一致。

（三）测试策略制定

测试策略根据发布版本的特性、波及分析、需求变更等情况，制定产品相关测试软硬件资源、测试人力资源、用例执行范围、测试方针（详细还是回归测试）。常用的测试策略制定工具主要是 Word、Excel。

1. 测试策略制定流程（见图 5-19）

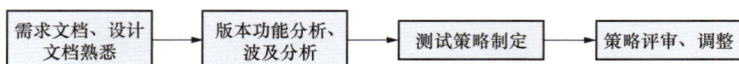

需求文档、设计文档熟悉 → 版本功能分析、波及分析 → 测试策略制定 → 策略评审、调整

图 5-19　测试策略制定流程

2. 测试策略制定内容

测试策略制定内容包括产品测试执行的测试类型和测试目标、测试整体环境安排、人力资源安排、详细测试还是增量测试、重点测试范围、准入准出条件等。

（四）测试计划制定

测试计划描述了每个测试类型活动的测试范围、测试资源安排、测试时间进度、测试重点、问题修复等内容。常用的测试计划制定工具主要有禅道、JIRA、Testlink、Word、Excel。

1. 测试计划制定流程（见图 5-20）

测试策略分析 → 版本功能分析、波及分析 → 各测试类型测试计划制定 → 计划评审、调整

图 5-20　测试计划制定流程

2. 测试计划制定内容

测试计划针对每次版本发布时每个测试类型都有一个完整的测试计划，如功能测试计划、性能测试计划。主要内容包括测试策略（详细还是增量测试）、测试配置、测试周期、人员安排、测试资源、测试风险分析、准入准出条件等。

（五）测试执行和交付

测试执行是最能发现软件质量问题的环节，测试执行人员技能的高低决定了发现问题的多少和问题的深度。软件测试执行包括功能测试、兼容测试、易用性测试、安全测试、性能测试、自动化测试等，其具体流程、方法、工具可参见下面章节内容。

（六）测试复盘（质量度量）

测试的目的是为了产品上线后质量问题尽可能的少，产品研发不同阶段对质量要求会不一样，其度量的基线指标也会不一样。通过对每次测试结果的复盘总结，有利于发现测试中存在的不足之处，并及时提出测试改进措施，为下次测试活动更好开展提供依据。

二、测试方法

软件测试根据测试目标特性不同可分为功能性测试（含用例测试和 Bug 探索测试）、兼容性测试（含兼容测试和性能测试）、安全测试等，下面将围绕以上测试类型的测试流程、测试方法进行讲解。

（一）功能测试

功能测试主要验证产品实际运行的结果和产品预期结果是否一致，随着敏捷开发模式在各企业中的大量应用，功能测试除了用例测试外也诞生了 Bug 探索测试，完美地匹配了敏捷开发模式下"短频快"的特点，对用例测试进行了强有力的补充。

1. 用例测试

用例测试的目标是确保系统按照软件需求说明书中所有功能正确实现，保障实测输出结果与软件预期输出结果的一致性。

（1）用例测试流程。主要包括需求分析阶段、用例设计计划阶段、测试用例设计阶段、测试用例执行阶段、测试交付阶段和测试改进阶段，具体如图 5-21 所示。

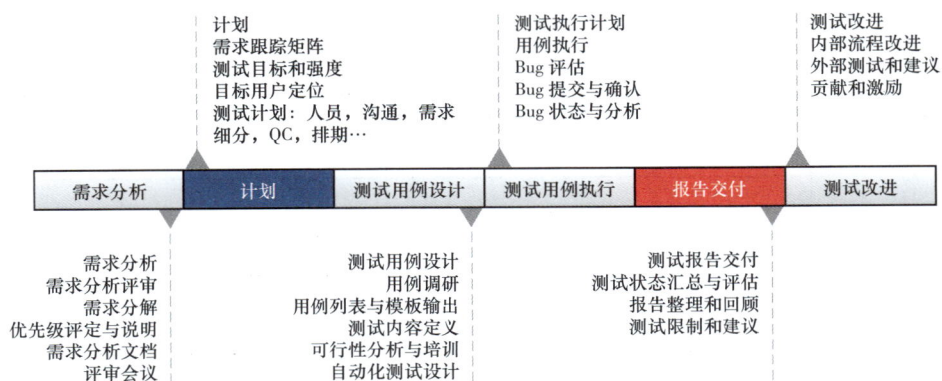

图 5-21　用例测试流程图

1）需求分析阶段。通过经验丰富专业的测试工程师对 PRD 需求文档进行需求分析拆解，需求分析方法常采用质量模型法、场景法、功能交互法，保证产品功能点的覆盖率和颗粒度。

2）用例设计计划阶段。用例设计计划主要针对产品设计用例，是对设计功能点的评估，或对每次版本功能的新增、修改、删除进行评估，预估相关功能点需要的用例新增数目及完成用例设计时间。例如，"掌上电力"App 用例设计计划如图 5-22 所示。

工作计划					
组别	功能场景	预估用例数	开始时间	结束时间	设计人
公共	登录	89	10月1日	10月1日	张三
	注册	65	10月1日	10月1日	张三
	登录密码管理	60	10月2日	10月2日	张三
	户号绑定	359	10月1日	10月2日	张三
	户号解绑	37	10月3日	10月3日	张三
	户号授权	89	10月3日	10月3日	张三
	银行卡认证	111	10月2日	10月2日	张三
	户主认证	45	10月3日	10月3日	张三
	身份证认证	37	10月3日	10月3日	张三
	服务记录	675	10月5日	10月6日	张三
	客户基础信息维护	269	10月4日	10月5日	张三
	积分获取	15	10月3日	10月3日	张三
	积分查询、兑换	57	10月3日	10月3日	张三
	充值卡购买	35	10月3日	10月3日	张三
	电费红包	164	10月4日	10月4日	张三
	家庭电气化	348	10月6日	10月8日	张三
	广告	1	10月4日	10月4日	张三

图 5-22 "掌上电力"App 用例设计计划

3）测试用例设计阶段。测试用例是功能测试的基础，测试用例的编写需要统一规范，并且全面覆盖产品设计和开发的功能，保障测试用例的质量和效率。例如，"掌上电力"App 户号管理测试用例设计如图 5-23 所示。

测试场景	业务关注点	用例ID	用例标题	前提条件	测试步骤	期望结果
户号管理	户号管理	UCN000032_3	户号管理-收起户号	测试账号已住宅、充电桩、店铺、企事业、新能源类型户号且全部类型户号已全部展开	1、进入户号管理 2、点击已住宅、充电桩、店铺、企事业、新能源右侧收起按钮	用户号被收起
		UCN000032_4	户号管理-展开户号	测试账号已住宅、充电桩、店铺、企事业、新能源类型户号且全部类型户号已全部收起	1、进入户号管理 2、点击已住宅、充电桩、店铺、企事业、新能源右侧展开按钮	用户号被展开
		UCN000032_5	户号管理-低压户号卡片-标签	测试账号已绑定低压户号	1、进入户号管理 2、点击低压户号卡片的"+标签"	弹出"请选择标签"弹框 选择类型、自定义标签输入框、取消、确认
		UCN000032_16	户号管理-高压户号卡片-标签-自定义标签输入框-长度限制	测试账号已绑定高压户号	1、进入户号管理 2、点击高压户号卡片的"+标签" 3、点击自定义标签输入框 4、输入11个字符	屏蔽10位后的输入内容
		UCN000032_21	户号管理-分类-设置为主户	测试账号已绑定多个住宅户号	1、进入户号管理 2、点击住宅户号下方第二个户号的设为户主	点击将该户号设置为"主户"，该场景下原主户显示为"设为主户"

图 5-23 "掌上电力"App 户号管理测试用例设计

4）测试用例执行阶段。测试用例的执行包括执行前测试数据准备、测试用例执行及修复的缺陷验证、用例执行问题提交三个阶段，具体测试用例执行流程如图5-24 所示。

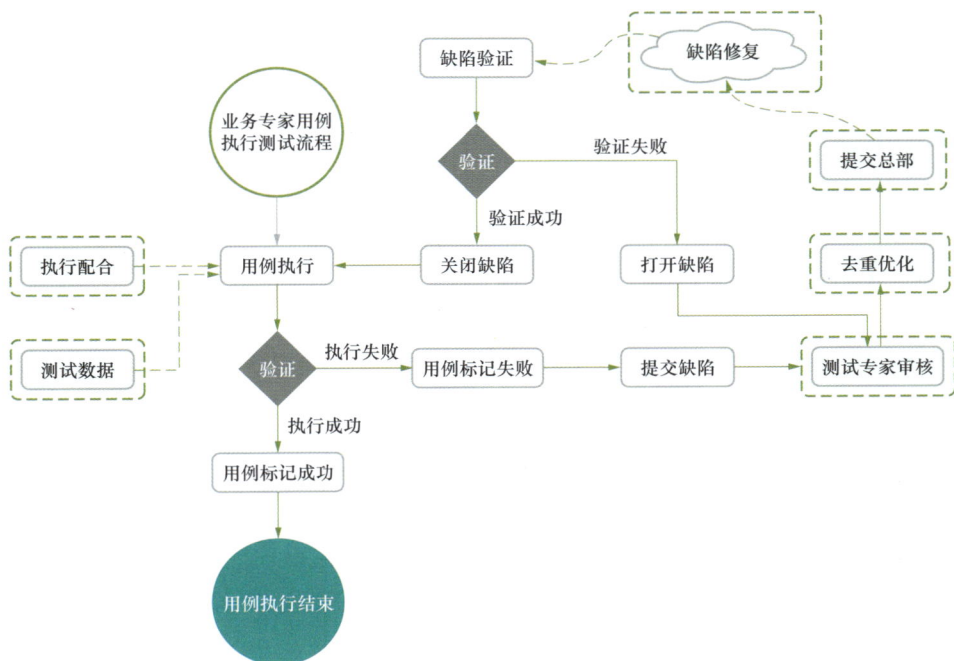

图 5-24　测试用例执行流程

由测试工程师按照测试用例进行逐条执行，执行结果标注清晰，Bug 问题描述清楚，输出结果交给测试测试经理审核。例如，"掌上电力"App 商品模块测试执行结果如图 5-25 所示。

功能点描述	序号	用例ID	用例标题	前提条件	测试步骤	期望结果	执行结构	缺陷编号
商品浏览	1	T0000003	商品浏览_商品列表页_点击【搜索】	成功登录App	1. 在【设备采购】页面 2. 点击【分类】，进入品分类列表页 3. 在商品列表页，点击【搜索】	界面内容正常显示	Pass	
	2	T0000004	商品浏览_商品列表页_点击【销量】	成功登录App	1. 在【设备采购】页面 2. 点击【分类】，进入品分类列表页 3. 在商品列表页，点击【销量】	关闭提示页	Pass	
	3	T0000005	商品浏览_商品列表页_点击【搜索】	成功登录App	1. 在【设备采购】页面 2. 点击【分类】，进入品分类列表页 3. 在商品列表页，点击【搜索】	界面内容正常显示	Block	
	4	T0000006	商品浏览_商品列表页_点击【销量】	成功登录App	1. 在【设备采购】页面 2. 点击【分类】，进入品分类列表页 3. 在商品列表页，点击【销量】	关闭提示页	Fail	BG686598； BG686698；

图 5-25　"掌上电力"App 商品模块测试执行结果

5）测试交付阶段。测试交付报告主要为功能测试报告，包括软件产品版本、测试软硬件信息、问题汇总情况、用例执行情况、测试结论等内容。例如，“掌上电力”App 业务验证测试报告如图 5–26 所示。

“掌上电力”App 业务验证测试报告目录

图 5–26 “掌上电力”App 业务验证测试报告

6）测试改进阶段。测试改进主要总结每次测试过程中遇到的问题，并制定改进计划，以保障下一次更好地开展测试活动。

（2）用例设计方法。测试用例是基于需求的理解，可以用等价类划分、边界值、路径法、矩阵表、正交法、判定表、因果图等方法设计用例。下面以等价类法和边界值法进行说明，其他方法可以阅读相关材料。

1）等价类划分。等价类是指某个输入域的集合，在这个集合中每个输入条件都是等效的，包括有效等价类和无效等价类两种。有效等价类指符合《需求规格说明书》，输入合理的数据集合；无效等价类指不符合《需求规格说明书》，输入不合理的数据集合。例如 QQ 账号等价类划分见图 5–27。

	有效等价类	无效等价类
QQ账号	长度在6-10位之间 （1）	长度小于6 （3） 长度大于10 （4）
	类型是0-9自然数 （2）	负数 （5） 小数 （6） 英文字母 （7） 字符 （8） 中文 （9） 空 （10）

图 5–27 QQ 账号等价类划分

2）边界值分析法。程序的很多错误发生在输入或输出范围的边界上，因此针对各种边界情况设置测试用例，可以发现不少程序缺陷。边界值分析法实例如图5-28所示。

类型	边界值	实例
数字	最大/最小	某保险系统的投保页面中，仅可针对年龄在5—50岁的人群进行投保，现进行投保年龄测试
字符	首位/末位	针对ASCII中的字符"A—Z"范围进行测试，则其边界值对应的为"@、[、A、Z"
位置	上/下	某列表中最多显示10条记录，现进行删除操作测试
速度	最快/最慢	某登录页面的验证码功能，当该验证码停留10秒未进行验证码输入时，验证码过期。现进行验证码过期时长测试
尺寸	最短/最长	某视频监控系统，可监控的视角范围为1—30米的区域，现进行该监控范围的测试
重量	最轻/最重	重量在10.00公斤至50.00公斤范围内的邮件，其邮费计算公式为……，则其重量的边界值为9.99、10.00、50.00、50.01
空间	空/满	某U盘容量为1G，现针对该U盘容量进行测试

图5-28　边界值分析法实例

3）错误推倒法。错误推倒法是借助测试经验开展测试的一种方法，从而更有针对性地执行测试用例。该方法是基于经验和直觉推测软件中容易产生缺陷的功能、模块及各种业务场景等，并依据推测逐一进行列举。例如：

输入框内输入数据和输出数据为0的情况；

输入框内输入数据为空格的情况；

输入框内输入超长数据的情况；

删除页面全部数据或记录为空的情况。

2.Bug探索测试

Bug探索测试采用自由探索、策略探索、场景探索、反馈探索四种手段，查找软件产品中影响产品正常体验和使用中的缺陷。

Bug探索测试以真实用户角度，结合测试团队测试经验，尽可能多地探索用户使用习惯和路径，探索复杂操作流程，同时真实模拟一些异常应用场景及系统特有功能，确保主要功能无严重问题及影响用户使用的问题，最主要的目的就是发现软件产品Bug。

（1）探索测试流程如图5-29所示，主要包括以下步骤。

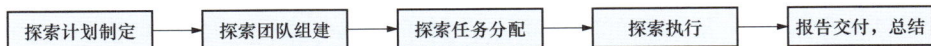

探索计划制定 → 探索团队组建 → 探索任务分配 → 探索执行 → 报告交付，总结

图5-29　探索测试流程

1）探索计划制定阶段。探索计划主要包括本次探索测试范围重点、测试资源安排情况、探索注意事项、问题收集、测试风险管理等内容。

2）探索团队组建和任务分配。团队组建非常重要，探索团队一种是专业的行业专家探索团队，此团队主要对业务非常熟悉可以完全代替用例测试，能探索到软件的各个功能点。另一种探索团队是找相关测试者站在用户的角度进行探索测试，对用例测试的一个补足。团队组建完成后，就可以将探索任务在团队内进行分配。

3）探索执行。根据探索计划要求，采用探索测试方法对软件进行探索测试，并将发现的 Bug 记录到缺陷管理工具中跟踪。

4）交付。交付探索测试报告给相关人员，并对探索测试进行总结，以便下次更好地开展探索测试活动。例如："掌上电力"App Bug 探索测试报告如图 5-30 所示。

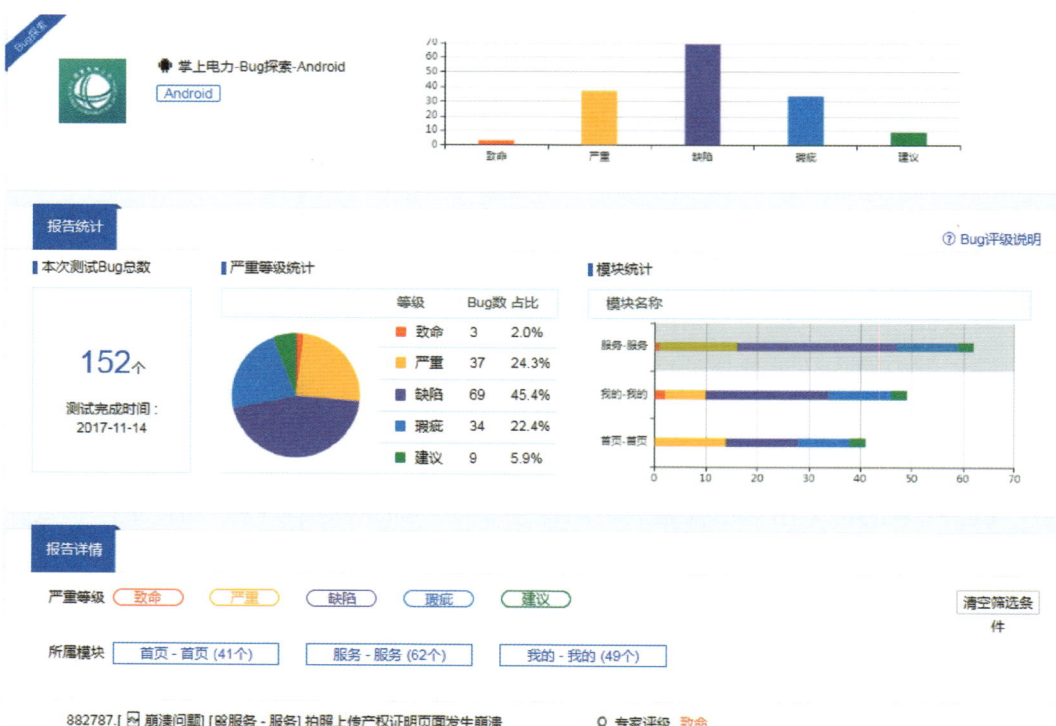

图 5-30 "掌上电力"App Bug 探索测试报告

（2）探索测试方法。常用的有以下 7 种方法。

1）卖点测试法：了解软件测试重点，对重点部分进行详细测试。

2）地标测试法：确定关键功能点，确定功能点顺序，按照地标的方式从一个跳到另一个。

3）反叛测试法：输入不可能的数据，或已知的恶意输入。

4）逆向测试法：每次输入最不可能的数据（如输入打印页 –12 页，购买商品数量 1345683 个）。

5）强迫症测试法：反复输入同样的数据，反复执行同样的操作。

6）取消测试法：启动操作然后停止，再启动；启动后不停止，再启动。

7）懒汉测试法：测试人员做尽量少的实际规则，接受所有软件默认值测试，如：使用默认值，选择空等查看是否有校验或处理。

（二）兼容性测试

兼容测试主要指软件在特定（不同）的硬件平台上、不同的应用软件之间、不同的操作系统平台上、不同浏览器上、不同的网络等环境中是否能够很友好地运行，运行过程中是否存在问题。

兼容测试常见适配类型包括：①软件和不同硬件的适配，是指软件在不同硬件中运行结果是否一样或是否正常运行，例如"掌上电力"App 在不同手机上的适配情况；②软件和软件之间的适配，是指不同软件之间是否有冲突，导致相互间影响；③软件和不同操作系统之间的适配，是指软件与 Windows，MACOS，Android，iOS，Linux 系统间的适配；④软件和不同浏览器的适配，是指软件和不同 Web 浏览器，不同手机浏览器的适配；⑤软件和不同网络间的适配，是指软件和 2G，3G，5G，WiFi，不同网络的适配，如"掌上电力"App 在和不同路由器、不同运营商网络设备的联网适配。

1. 兼容测试流程

兼容测试流程如图 5–31 所示，主要包括以下 5 个步骤。

| 兼容测试场景确定 | → | 兼容测试资源准备 | → | 兼容测试用例准备 | → | 执行 | → | 报告交付，总结 |

图 5–31　兼容测试流程

（1）兼容测试场景确定。采用 2–8 原则，主要测试覆盖核心的、重要的、大量用户使用的业务功能。

（2）兼容测试资源准备。兼容测试最大难点是测试资源准备，如 PC 兼容要准备不同版本的操作系统、不同分辨率的电脑，App 兼容要覆盖海量手机。这些资源投入成本很高，可以借助于第三方企业服务提供的资源进行测试（如 Testin 企业）。

（3）兼容测试用例准备。将兼容测试场景转化为自动化测试用例，例如"掌上电力"App 登录环节兼容测试场景如图 5–32 所示。

【步骤8】账号密码登录 ⭐

操作描述	预期结果
【Step1】点击返回	返回至密码登录页
【Step2】输入账号	输入成功
【Step3】输入密码：1234abcd	输入成功
【Step4】点击【登录】	登录成功

图 5-32 "掌上电力" App 登录环节兼容测试场景

（4）兼容测试执行。将编写好的测试用例在不同的测试资源上执行，以此验证同一用例在所有测试资源上是否存在兼容适配问题，同时将问题记录到缺陷管理工具中。例如"掌上电力" App 积分商城环节兼容测试结果如图 5-33 所示。

【步骤14】积分商城-我的积分

操作描述	预期结果	测试结果	问题数	影响设备数
【Step1】点击返回	返回至首页	✅ 通过		
【Step2】点击【积分】	进入积分商城界面	✅ 通过		
【Step3】点击【我的积分】	进入我的积分界面	❌ 失败	1	1

图 5-33 "掌上电力" App 积分商城环节兼容测试结果

（5）兼容测试报告交付。交付兼容测试报告给相关人员，并对测试进行总结，以便下次更好地开展兼容测试活动。例如："掌上电力" App 兼容测试报告如图 5-34 所示。

2. 兼容测试方法

兼容测试场景通过脚本录制（编写）工具转化为自动化测试脚本，并上传云端执行，执行结束后自动生成兼容测试报告。兼容测试可以采用业务领先的 Testin 兼容测试平台。

Testin兼容测试报告					
测试概括					
	App名称	SH_3.3.10掌上电力	安装包大小（MB）	58.02	评级
	App版本	1.0.0	测试机型数（款）	580	
	测试平台	Android	覆盖人群数（万）	29434.8万	
	测试网络	WIFI	测试日期	2018/10/10	
测试统计					
问题分类	致命级	严重级	缺陷级	瑕疵级	总计
安装失败	1	-	-	-	1
启动失败	2	-	-	-	2
闪退	-	3	8	-	11
无响应	-	-	-	-	-
意外终止	-	3	4	-	7
卡死	-	-	-	-	-
功能异常	-	12	10	-	22
UI异常	-	-	-	19	19
问题分类	建议修改（不计算通过率）				
待优化	40				
通过率	通过机型数	覆盖用户数	测试项	失败机型数	损失用户数
0.00%	0	小于1万	安装失败	89	7640.6万
			启动失败	2	26.5万
			闪退	32	1112.5万
			无响应	0	0万
			意外终止	78	3107.5万
			卡死	0	0万
通过率=通过的机型数/此次测试总机型数			功能异常	251	12856.8万
			UI异常	486	21711.5万
行业对比					
测试类		行业参考	通过率	安装失败率	启动失败率
		行业最优	100.0%	0.0%	0.0%
		行业均值	78.4%	0.52%	1.78%
		您的应用	0.0%	15.34%	0.34%
兼容性		行业参考	运行失败率	功能异常率	UI异常率

图 5-34　“掌上电力”App 兼容测试报告

（三）易用性测试

易用性测试可以理解为：用户在使用软件时，软件产品易被理解、学习、能吸引用户去使用软件。软件易用性具有如下特点：①易学，比如产品快速掌握使用方法；②高效，比如产品提高了工作效率；③易记，比如使用方法、过程容易被记住；④少错，比如低的错误率能防止灾难性故障的发生；⑤满意，比如用户喜欢使用它。

易用性测试从以下几个方面进行：

（1）简单而自然的对话。用户界面尽可能简洁。界面中太多的额外信息会分散对相关信息的注意力，对所有信息都应以自然和合乎逻辑的次序出现。避免视觉噪声和杂乱，多余的信息会让新手感到困惑，让熟手减慢操作速度。

（2）采用用户的语言。作为以用户为中心设计的一部分，用户界面中的词汇应当使用用户熟悉的语言和概念，而不是面向系统的术语。为了实现面向用户的对话，比较常见的做法是力争让计算机显示信息和用户关于信息的概念模型相符。

（3）将用户的记忆负担减到最小。不应当要求用户在对话过程中必须记住某个地方的信息才能进行另一个地方的操作，对于系统使用的指令应当在需要时是可见的或容易获得的，站在用户的角度思考如何让用户在使用时点击数最少、输入次数最少等操作就能完成用户的任务。

（4）一致性。为了便于识别，同样的信息在所有的屏幕和对话框中显示的位置和形式应当一样，不能让用户为不同的词语、状态和动作是否为同一个意思而感到迷惑，如页面字体大小、整体布局、字段名称、颜色、图标等。

（5）反馈。系统应当在合理的时间和操作时，通过适当的反馈信息让用户了解系统正在做什么。系统反馈不能使用抽象的词汇，应该用用户理解易懂的语言。反馈的响应时间也很重要，反馈时间越短说明系统性能越优，反馈时间越长，用户满意度越差。

（6）清楚地标识退出。用户经常会误选系统功能，因此需要有一个清晰的"紧急出口"来退出所不希望的状态，而不必经过多余的对话。一般系统要有取消按钮或其他退出机制，使用户回到前面的状态。

（7）快捷方式。常用的方法能够操作用户界面，但熟练用户还是希望能快速完成常用操作，比如新增、保存、关闭等。这可以用快捷方式实现，从而让系统能够同时适合新用户和熟练有经验的用户。

（8）良好的出错信息。出错状态对易用性非常重要：首先，在这些状态下用户碰到麻烦，可能无法利用系统达到用户要求的目标；其次，出错信息也让用户更好地理解系统。

（9）帮助与文档。系统的任何信息在帮助和文档中容易找到，而且必须紧紧围绕用户的任务，给出要做的具体步骤。如用户想执行某个任务无法完成时，可查阅帮助文档，用户遇到难以理解或麻烦时，可查阅相关手册，因此一般在线手册还需要有查询功能。

（四）安全性测试

软件安全需要整个软件生命开发周期各个环节都参与进来，才能更好地提升软件自身的安全防御能力。软件安全测试的主要目的是查找软件自身程序设计中存在的安全隐患，并检查应用程序对非法侵入的防范能力。根据安全指标不同，测试策略也不同。常用的安全性测试工具有：①源代码扫描工具，包括 RIPS、Fortify、CheckmarxCxSuite；②安全扫描工具，包括 Appscan、Nessus、AWVS、OWASP Zed；③渗透测试工具，包括 Wireshark、Sqlmap、Nmap、Wifiphisher、Burp Suite、OWASP Zed、社会工程工具箱 SET。

1. 安全性测试流程

安全性测试主要包括源代码扫描、应用软件安全扫描、安全渗透测试三种方法。

（1）源代码扫描流程主要包括计划准备、测试执行、人工审计和成果提交四个环节，具体如图 5-35 所示。

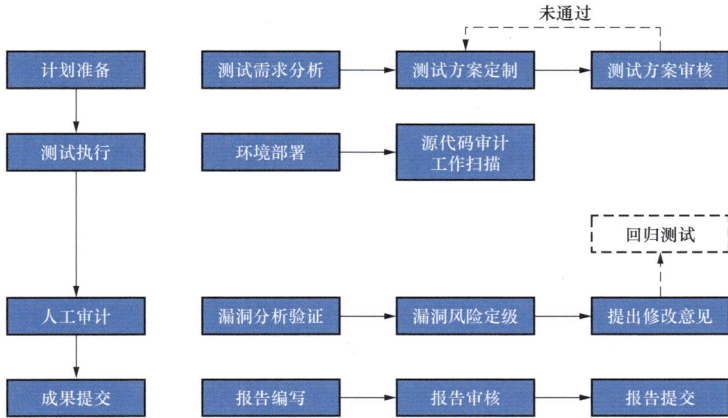

图 5-35　源代码扫描流程

（2）应用软件安全扫描是从应用的代码、配置、组件、数据、加密、通信等多维度进行深层次检测，检测应用潜在风险隐患；扫描结束后，系统自动化生成检测报告，通过展示应用安全评分、风险类别，高中低危漏洞等级占比情况，实现应用安全状态可视化，同时提供详细的漏洞日志信息并可在代码层面上定位漏洞，依据应用安全现状，生成精准、高效、详实的修复方案。

（3）渗透测试流程主要包括测试方案制定、信息收集、漏洞探测和报告编写四个环节，具体如图 5-36 所示。

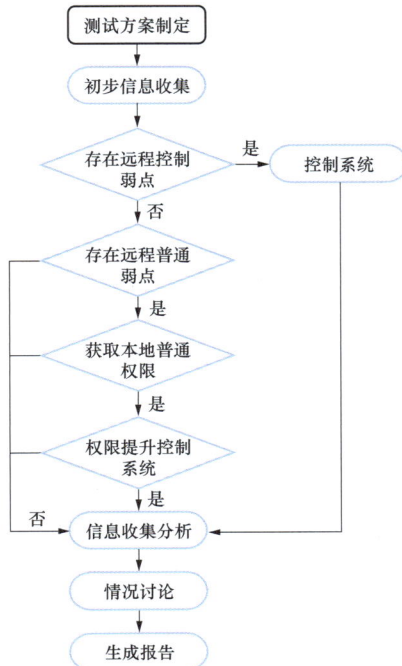

图 5-36　渗透测试流程

2.安全性测试方法

软件安全是一个非常复杂的体系工程，安全测试这部分主要涉及的内容有软件源代码扫描、安全扫描、渗透测试。

（1）软件源代码扫描。对源代码采用工具分析和人工审查的组合审计方式，分析应用程序的安全状态，找出代码当中存在的一些语义缺陷、安全漏洞。从根源修复漏洞，最大限度避免后续可能出现的安全威胁，属白盒测试。

（2）安全扫描。一般基于自动化检测工具，对应用内部存在的安全风险进行深度检测，快速识别并精准定位漏洞风险级别，找出应用中存在的安全漏洞，属黑盒测试，如 App 客户端安全扫描。

（3）渗透测试。由经验丰富的安全专家尽可能完整地模拟黑客的思维和方法深度挖掘软件安全漏洞及隐患，找到系统中最脆弱的环节。

（五）性能测试

性能其实是软件功能的另一种体现方式，它强调在特定时间、空间条件下，软件是否能正常实现功能、满足用户预期要求。当软件性能指标没有达到预定要求时，将导致用户使用软件时体验很差，如发生响应时间长、页面打不开等现象。

1.性能测试流程

性能测试流程如图 5-37 所示。

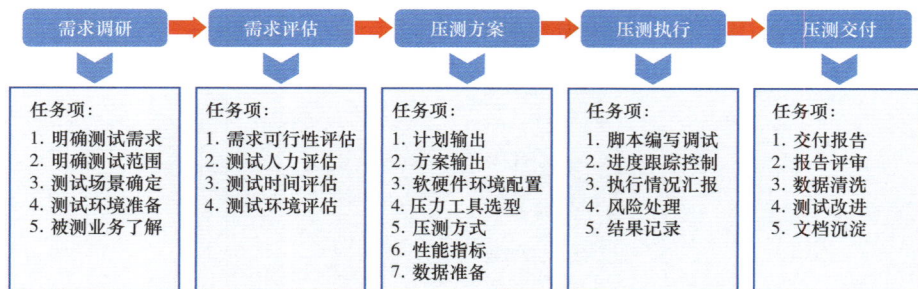

需求调研	需求评估	压测方案	压测执行	压测交付
任务项： 1.明确测试需求 2.明确测试范围 3.测试场景确定 4.测试环境准备 5.被测业务了解	任务项： 1.需求可行性评估 2.测试人力评估 3.测试时间评估 4.测试环境评估	任务项： 1.计划输出 2.方案输出 3.软硬件环境配置 4.压力工具选型 5.压测方式 6.性能指标 7.数据准备	任务项： 1.脚本编写调试 2.进度跟踪控制 3.执行情况汇报 4.风险处理 5.结果记录	任务项： 1.交付报告 2.报告评审 3.数据清洗 4.测试改进 5.文档沉淀

图 5-37　性能测试流程

2.性能测试方法

性能测试方法主要有负载测试、压力测试、容量测试、稳定性测试和浪涌测试五种。

（1）负载测试：对被测系统不断地增加压力并持续一段时间，直到系统的某项或多项性能指标达到安全临界值。

（2）压力测试：超过安全负载，对系统不断施加压力，是通过确定一个系统的瓶颈或不能接收用户请求的性能拐点，获得系统能提供的最大服务级别。

（3）容量测试：系统处于最大负载状态或某项指标达到所能接受的最大阈值下对请求的最大处理能力，如系统可处理同时在线的最大用户数。

（4）稳定性测试：给系统加载一定压力，使系统运行一段较长时间，以此检测系统是否稳定。一般稳定性测试时间为 $n \times 24$ 小时。

（5）浪涌测试：瞬间对系统进行大量虚拟用户的加载，以检测系统的处理能力，用来验证一些突发流量事件发生时服务器的承载能力。

（六）自动化测试

自动化测试是软件测试技术上的一大进步，自动化测试可以给工作提效，减少重复劳动，但在实践过程中却总是碰到各种各样的问题，导致进入自动化测试盲区。如在 UI 自动化时发现执行速度慢，稳定性差，受测试环境影响较大，测试框架复杂，开发及维护成本高，因此在自动化测试过程中 google 等公司都采用了分层测试理论。

自动化分层理论中将自动化体系分为三层，最低层是单元自动化测试，中间层是接口自动化测试，最上层是 UI 自动化测试。自动化测试金字塔分层理论如图 5-38 所示。

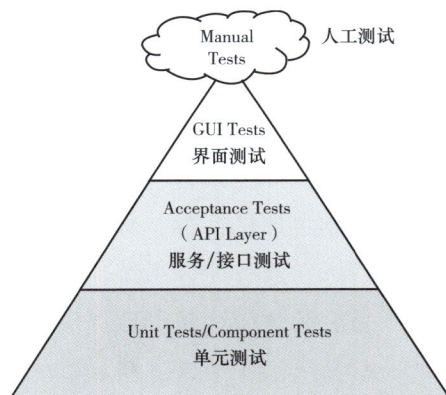

图 5-38　自动化测试金字塔分层理论

从图 5-38 可以看出，单元自动化测试成本最低，测试效率最快；UI 自动化测试成本最高，测试效率最慢，因此自动化测试一般在单元自动化和接口自动化投入占比很高，UI 自动化投入占比比较少。常见的自动化测试工具有：①单元自动化测试工具，包括 Junit、TestNG，unittest、Jacoco、Sonar；②接口自动化测试工具，包括 TestinPro、SoapUI、postman、Jmeter、httprunner；③UI 自动化测试工具，包括 TestinPro、robotium、appium、Selenium。

第六章　产品上线

产品上线是指把产品推向市场的时间节点所做的相关工作。本章从上线前评估、上线实施和上线后验收三个方面介绍产品上线环节全流程的开展和实施。

第一节　上线前评估

产品上线评估是在制定产品上线方案的制度、流程、规范的基础上，主要服务于产品上线过程的管控，是对上线产品功能点达成度、业务流程运转是否顺畅、质量验收偏差等节点的管理，是判断产品能否上线的前提与依据。

产品上线评估的流程，根据最终验收方、归属团队的产品管理规范与标准的不同而存在相应的差异。

一、评估目的

上线前评估可以有效检验项目试点上线各项工作的落实情况，充分吸收借鉴互联网产品上线的工作经验，通过制定评估标准，确保产品试点成功上线应用。评估工作应以产品上线成功应用为目标，通过建立系统科学的评价机制，持续推动和促进产品上线优化完善，并为产品后续建设运营管理提供坚强支撑。

二、评估原则

上线评估应遵循以下五项原则。

1. 标准先行原则

以建设目标为依据，结合成熟的软件上线标准、用户体验评测标准以及协同机制要求，制定符合产品定位的上线评估标准。明确评测方法、工具和指标，指导项目建设各方深刻理解项目建设目标并开展相应建设工作，指导全面、科学、公正开展上线评估工作。

2. 客户至上原则

应当遵循"以客户为中心"的互联网产品设计思想，准确定位外部客户和内部员工，不仅注重 App 客户体验，也要注重服务人员、运营人员、运维人员体验。全面收集内外部客户、专家以及第三方专业机构的评测意见，促进产品迭代优化完善，确保上线产品有效提升客户体验。

3. 全面覆盖原则

应以全环节流程为依据，评估范围覆盖"全需求、全领域、全场景"，从多层级、多维度、多视角制定系统安全可靠、功能好用易用、运营协同高效等评估指标，确保需求完整实现、符合设计预期。

4. 协同高效原则

按照"五位一体"（职责、制度、流程、标准、考核）协同机制的设计原则，对产品研发、渠道运营、应用保障等机制进行系统性的评价，对持续创新能力、协同运作能力、服务支撑能力等开展全面的评估，确保快速响应客户需求，提供持续、专业、贴心、高效的服务。

三、评估内容及要求

依据总体评价原则和评价范围，从系统功能测试、用户体验测评、平台支撑能力、协同运营机制、数据共享机制、协同运维机制六个维度进行评估，各项评测内容说明如下。

（一）系统功能测试

基于系统功能满足所有需求的原则，依据国家软件相关评测标准，从功能满足度和多场景贯通性两个方面对系统功能进行评估。功能满足度重点评估 App 系统功能完成情况，如各项功能是否符合实际业务需要，满足设计需求且具有可用性。基于产品设计说明书和专家对实际业务需求的理解，由开发团队、测试团队，采用白盒测试、黑盒测试等各类测试方法对系统进行功能测试，确保系统功能满足设计需求、满足实际业务。

（二）用户体验测评

按照客户体验至上原则，以"功能合理、操作简便、视觉美观、客户满意"为目标，以"网上国网"项目为例，依据《"网上国网"客户体验评价规范》，采用专家测评和实际客户测评两种方式，从功能体验、操作体验、视觉体验 3 个维度和 17 项细分指标，开展客户体验测评，确保"网上国网"达到客户体验期望。

（1）功能体验：采用问卷调查、卡片测试、用户可用性测试等多种方法从功能的有用性、完整性、架构合理性和可用性 4 个方面进行测评，评估产品功能是否符合客户需求，功能分类是否合理、易于理解和查找，以及客户能否顺利完成每项功能的完整流程。

（2）操作体验：参考尼尔森十大可用性原则、Ben Shneiderman 八大黄金法则等业内权威理论，评估产品的交互设计能否使客户便捷高效地完成功能，是否符合客户的操作习惯，能否帮助客户尽量避免出错，客户操作出错后是否支持纠正。

（3）视觉体验：参考业内通用的设计理论制定测评指标，评估产品的界面设计是否美观新颖、带给客户良好的视觉感受；是否主次清晰、表意准确、易于理解；是否符合相关法律法规、不存在违规内容。

（三）平台支撑能力

按照系统安全可靠原则，以"信息安全、稳定可靠、性能优异、全景监测"为目标，依据国家相关法律法规和公司信息系统相关管理规定，采用第三方安全测试、压力测试、全链路监测等方法，从系统安全性、可靠性、性能、兼容性、可扩展性六方面开展平台支撑能力评价。

（1）安全性方面：重点评价是否具备全套的应用、数据、主机、网络等各方面安全防护方法及措施；针对来自互联网的各类安全攻击威胁，是否可以通过全局防护体系避免系统出现访问异常、数据泄露、页面篡改、无法访问等异常情况。

（2）系统可靠性方面：重点评价是否具备系统可靠性保障及应急预案；是否存在单点故障隐患；是否根据业务需求和策略变化实现计算资源的自动弹性伸缩；是否支持云服务限流熔断实现自动故障隔离；是否充分考虑系统架构的冗余、容灾设计；是否具备提供 7×24 不间断服务能力。

（3）系统性能方面：重点评价 Web 服务性能、数据库性能、硬件资源性能、网络性能是否满足系统性能指标要求；是否具备覆盖所有典型场景的系统性能测试方案和系统性能测试报告；通过专业自动化性能测试工具模拟正常、峰值、异常负载等多种场景的性能压力测试，评价活动运营高并发情况下性能稳定不受影响。

（4）兼容性方面：重点评价操作系统、网络环境、设备环境、第三方、OTA 等方面兼容性，从终端硬件、操作系统、分辨率、配置等因素进行测试，评价 App 在海量终端上运行兼容性，实现主流用户机型的全兼容和全适配。

（5）可扩展性方面：重点评价是否遵循系统功能设计可扩展性原则，使用基于通用功能标准，采用可重用、可扩展的体系结构和功能组件，实现业务系统彻底组件化和服务化的微服务架构，支持灵活配置，支持灰度发布，适应将来业务发展的需求。

（四）协同运营机制

评估产品上线后产品运营工作的建立情况。从组织保障、制度保障、协同机制三方面对两级协同运营相关单位开展评估。组织保障要求各级运营主体应成立专门的运营组织机构，明确各级组织机构的工作职责、岗位设置标准、工作流程，依托常态工作组织体系协同开展运营工作，并在上线前确保人员到岗到位。协同机制，针对总公司、分公司等按照协同工作边界，横向建立运营沟通联络机制、例会制度、报告制度等，纵向建立线上、线下协同推广运营模式，形成横向协作、纵向协同的矩阵式、网格化运营组织模式，保证试点运营协同机制高效、顺畅运转。

（五）数据共享机制

按照"数据共享"原则，以建设两级数据共享应用平台为目标，建立数据从采集、存储、管理、应用全周期的共享协同机制，为 App 数字化运营和全景展现提供数据服务支撑。从平台支撑、数据支撑、应用支持和协同机制四个方面来开展评估。平台支撑方面，评估数据开发、服务等相关组件的支撑度，是否满足数据采集、加工处理等开发、管理需要。数据支撑方面，重点评估总部各渠道数据与分公司、部门业务数据的汇集和共享，通过核查两级数据一致性、准确性、及时性，校验是否满足两级运营监控、分析与全景展示的数据需求；通过核查明细数据、指标数据的查询服务，以及标签服务的改造情况，是否能够为其他应用提供支撑服务。数据应用方面，重点评估两级数据共享应用支撑两级运营支撑平台和全景展示大屏建设完成情况。协同机制方面，评估是否建立常态化的两级数据需求提报、审核、快速响应机制以及数据模型变更协同机制。

（六）协同运维机制

按照系统运维高效原则，以"有序服务、高效灵敏、主动运维"为目标，采用专家测评和客户测评两种方式，从运行监测、组织保障、制度保障、应急保障和问题处理五个方面，评估运维保障能力。运行监测方面，重点评价是否具有系统运行状态监控和全链路监测功能，通过系统运行监控，确保故障实时告警，并能通过日志快速定位问题；通过全链路监测，分析系统调用链路关系和各节点耗时情况，发现性能瓶颈或故障时，能快速定位问题根源。组织保障方面，重点评价两级协同运维组织体系、运维工作网络、各级运维机构的工作职责、岗位设置、工作流程，并在上线前确保人员到岗到位。制度保障方面，重点评价系统运行维护管理制度规范性、完整性，检查是否具备业务需求变更、软硬件升级、版本更新及应用软件发布等处理制度，是否有严格的工作单、操作票工作程序及详细记录，确保运维工作有据可依、有据可查。应急保障方面，重点评价应急预案和现场应急处理方案的全面性和完整性，检查是否具备软硬件、网络、内外网穿透等系统运行环境故障的应急处理措施，检查各应用系统都已具备相应的应急预案和应急处理方案，确保不同级别、不同类型故障出现时，能有具体明确的应对措施。问题处理方面，重点评价常态化运维机制、日常巡检、异常点记录情况，评估日常问题处理和反馈机制，检查基本问题处理手册和问题处理知识库建设情况，确保系统上线后问题解决渠道畅通、问题处理快速及时。

四、评估实施

（一）评估标准

"网上国网"试点上线评估标准包括系统功能测试、用户体验测评、平台支撑能力、协同运营机制、数据共享机制、协同运维机制六个方面，评价总分为1000分。其中：系统功能测试200分，用户体验评测300分，平台支撑能力200分，协同运营机制100分，数据共享机制100分，协同运维机制100分。如表6-1所示。

表6-1　　　　　　　　"网上国网"试点上线评价内容及分值

评价项	评价内容	分值
系统功能测试	以提升系统质量为目标，从系统功能满足度和可用性方面评价系统功能情况	200
用户体验测评	以提升客户体验为目标，围绕功能体验、操作体验和视觉体验方面评估产品的用户体验情况	300
平台支撑能力	以平台高效稳定运行为目标，从安全性、可靠性、稳定性、兼容性、全链路监测可控等方面评估平台支撑情况	200
协同运营机制	建立的协同运营模式相适应的组织、制度、流程和运营支撑平台	100
数据共享机制	建立的协同运营模式相适应的组织、制度、流程和数据共享平台	100
协同运维机制	建立与互联网产品开发和运营相适应的组织、制度、流程和运维标准及响应能力	100

通过评估，试点成功上线应满足如下要求：

（1）上线必备条件全部满足。

（2）上线评估总分达到950分以上。

（3）八方面评价项分值按100分折算，单项均不得低于90分。

（4）各评价单位分值按100分折算不得低于90分。

同时满足以上四个条件通过评估，方能试点上线。

（二）评估工作流程

评估材料准备完毕后，由产品经理组织进行组内研讨修改。之后由产品经理提请产品研发组组长组织进行"上线方案评审"。产品研发组计划管理专员辅助产品研发组组长通知各相关评估人员（见表6-2）参会，整理传达评审纪要。

表 6–2 评审评估人员清单

评审评估名称		上线方案评审
级别 / 类型		内部评审
主评部门 / 人员		产品研发组组长
组织部门 / 人员		产品研发组组长
参与部门	参与人员	表例：●必须参加　○按需参加　—无须参加
产品研发组	产品研发组组长	●
	质量管理专员	●
	产品经理	●
	产品团队成员	●
	计划管理专员	●
数据运营组	数据管理	○
技术支撑组	技术支撑	●
其他	其他人员	○

以国家电网公司"网上国网"项目上线评估为例，评估工作的具体流程如下：

1. 评估小组

试点上线评估由"网上国网"工作小组统一领导，具体工作安排、评价方式等由管控组负责统一解释，在管控组下成立业务专家组、技术专家组和用户体验专家组，负责具体评估工作。其中：业务专家组由"网上国网"浙江公司、国网客服中心及第一批试点单位抽调组成；技术专家组由国网信通部及外部单位的专家抽调组成；用户体验专家组由国网客服中心、浙江公司及第三方公司体验专家组成。评估工作组织机构如图 6–1 所示。

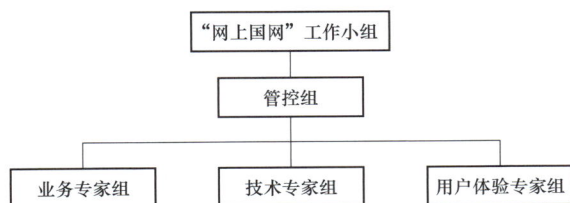

图 6–1 "网上国网"试点上线评估工作组织机构

2. 评估流程

"网上国网"试点上线评估程序分为四个阶段，即相关单位开展自评价并完成整改、试点上线评估前期准备、试点上线评估实施及整改、试点上线评估结果发布。

（1）自评及整改。国网客服中心、浙江公司、电动汽车公司、电商公司、国电通、中电普华、南瑞瑞中、朗新科技、华云科技等"网上国网"相关系统承建及运维单位参照评价标准，结合里程碑工作计划，完成各自负责有关任务的评价及整改工作，达到试点成功上线标准方可向管控组提交评估申请。

对测试发现的缺陷进行记录，并在缺陷修复后进行回归测试，确保重大缺陷修复率达到 100%，一般缺陷修复率达到 95%。

（2）上线评估准备。管控组审核各单位自评估情况，确定专家组评估时间安排，并通知有关单位做好相关准备工作，要求各单位要指派评估对接人一名，对照评估时间安排提前完成场地、人员、文档资料等准备工作。六项评估内容主要评分依据说明如表 6-3 所示。

表 6-3　　　　　　　　　　　　上线评估内容及评分依据

序号	评估内容	主要评分依据	
1	系统功能测试	取最近一次测试分析报告的作为该评估项评分的主要依据之一	
2	用户体验测评	取用户体验评测分析报告作为该评估项评分的主要依据	
3	平台支撑能力	取各系统第三方安全评测报告、性能评测报告、兼容性测试报告作为该评估项评分的主要依据之一	
4	协同运营机制	取"网上国网"试运营活动测试分析报告作为该评估项评分的依据之一	
5	数据共享机制	取最近一次两级数据共享应用测试分析报告作为该评估项评分的主要依据之一	
6	协同运维机制	取"网上国网"试运营活动测试分析报告作为该评估项评分的主要依据之一	

（3）评估实施及整改。根据总体里程碑计划安排，结合各项工作成果物，评估实施工作采用远程和现场相结合的方式，通过人工核查、比对、系统测试及工具验证等方法，按照初评和复评两轮开展评估工作，每轮次评估时间为 2 天，评估结束后计算总得分，并编写评估报告。

各有关单位按照评估报告制定整改方案并进行整改，需整改的问题建立闭环销号机制，整改完成情况须经专家组审核确认，根据整改进度及时开展下一轮评估，复评结束后形成最终的试点上线评估报告。

（4）评估结果发布。召开试点上线评估会议，管控组发布评估结果，并分析影响上线的重大问题或缺陷，由工作小组决定是否试点上线。

第二节　上线实施

产品上线是指信息系统在生产环境中完成部署，导入实际数据，并投入生产的过程。本节介绍上线实施阶段的重点工作，主要从业务验证、系统切割、培训宣贯、应急预案及上线试运行四方面进行介绍。

一、业务验证

（一）工作目标

业务验证管理工作主要是通过人工或自动化手段来测试产品功能，检验是否满足规定的需求，以及预期结果与实际结果之间的差距，从而验证 App 产品是否达到以下目标：

（1）使产品具有良好的用户体验度，符合广大客户的使用、审美习惯，让产品真正具有市场竞争力。

（2）保障每个服务场景和整体产品的功能完整性和性能卓越性，实现产品的高效运转和客户一站式多元化的用能需求。

（3）规避产品的安全和风险，实现业务的安全、稳定运行，杜绝敏感信息泄露、数据篡改等风险。

（4）保证多级团队协同高效，各级运营人员、运维人员能协同协作、有序高效地开展产品的运营和运维。

（5）要让技术框架和底层逻辑足够支撑产品创新，满足快速迭代和不断创新的需求。

（二）工作内容

业务验证主要包括 App 业务功能测试、用户体验测试和第三方通用测试。

1. App 业务功能测试

业务功能测试基于系统功能满足所有业务需求的原则，依据国家和国家电网公司系统软件相关评测标准，从业务功能满足度和全链路贯通性两个方面对系统功能进行评估。

业务功能满足度重点评估 App 各项功能是否符合实际业务需要，满足设计需求且具有可用性，基于产品设计说明书等产品设计文档和业务专家对实际业务需求的理解，由开发厂商、测试团队和业务专家设计测试用例，采用黑盒测试等测试方法对系统进行功能测试，来确保系统功能满足设计需求、满足实际业务需求。

全链路贯通性重点评估所有用户使用的场景是否全链路贯通，通过对梳理出的五类复杂典型场景进行链路贯通测试，验证系统流程的贯通性。

2. App 用户体验测试

按照客户体验至上原则，从功能体验、操作体验、视觉体验和线下典型场景体验 4 个维度构建 19 个客户体验评价的指标，采用专家测试和实际客户测试两种方式，开展客户体验测试并提交优化建议报告，确保产品达到客户体验期望。

3. App 第三方通用测试

按照系统安全可靠原则，以安全、稳定、高效为目标，依据国家相关法律法规和国家电网公司信息系统相关管理规定，从系统安全性、性能、兼容性三方面开展第三方通用测试。

二、系统切割

（一）工作目标

上线期间需要做好初期静态数据的初始化、动态流程中数据的导入以及系统配置等工作，同时，若新上线的系统与外围系统存在集成关系，需要做好集成接口切换及交互数据的处理等工作，这一过程叫作系统割接。

为了创新产品在正式环境部署上线阶段的各项工作正确开展，需保证系统割接工作有序、准确、高效进行，完成产品平稳割接上线。

（二）工作内容及流程

1. 确定切割范围

梳理与产品存在集成关系和数据交互的外围系统和平台，可从基础业务系统、运营业务系统、服务总线部分、数据支撑等方面确定系统切割范围。

2. 编制切割方案

根据产品建设工作要求，编写创新产品相关系统上线割接方案，方案中须对系统割接的总体工作进行描述，并体现工作要求、时间要求、人员，割接的各项工作必须严格按照方案进行。

3. 完成硬件环境及网络确认

落实专人核查割接前准备工作，确认切割的系统及平台的硬件环境及网络联通情况，确认切割的系统及平台的外部连接联通情况。

4. 系统割接

（1）在途业务监控及处理：核实在途业务及流程处理情况，确保所有在途业务和流程均已处理完成。

（2）依据项目管控组割接启动指令，组织开展上线割接工作。

（3）停止切割范围内所有的业务系统和平台。

（4）完成发布系统版本程序和系统数据处理、系统配置等工作。

（5）启动业务应用系统，开展内部验证测试和试点单位内部验证测试。

（6）整理上线割接情况并开展汇报。

三、培训宣贯

（一）工作目标

通过培训，让培训学员熟悉创新产品设计理念、掌握 App 各业务要求及操作，熟悉渠道运营、运维的机制及运营、运维支撑平台的应用。

（二）培训对象

培训对象应尽量涵盖创新产品的业务管理部门、产品运营人员、系统运维人员、一线推广人员等，若培训涉及人员较多，可优先培养内训师队伍，并由内训师队伍参与后续分批扩大培训。

（三）培训渠道

培训渠道在传统面授的基础上，可采用互联网新渠道，包括网络课程、微信公众号、学习类 App 等。

（四）培训内容

培训内容应涵盖产品设计理念、产品总体建设建设情况、产品功能及业务介绍、运营体系和运维体系及典型案例等。培训内容可根据培训对象的不同做一定的调整和区分。

（五）典型案例

下面以"网上国网"的培训工作为例，介绍培训宣贯工作的实施和开展。

1. 培训目标

通过培训，让培训学员熟悉"网上国网"App 设计理念、掌握"网上国网"App 各服务场景的业务要求及操作，熟悉渠道运营的机制及运营支撑平台的应用，了解"网上国网"App 系统运维的流程。

2. 培训对象和开展

"网上国网"App 专项培训根据不同培训批次，对四类营销人员开展培训，分别为：11 个地市互联网＋联络人及 44 名具备内训师资格的人员共 55 人；省市公司管理人员、地市公司核心、骨干人员 200 人；市县公司业务骨干人员 880 人；市县公司一线营销工作人员 5000 人。

培训分为四个阶段：第一阶段为内训师培训，培训对象为各地市互联网＋联络人及 44 名具备内训师资格的人员；第二阶段为省级集中培训，包括管理人员培训、核心人员培训、骨干人员培训三部分；第三阶段为地市（县）属地化集中培训；第四阶段为网络课程培训。

3. 培训课程

培训课程表如表 6-4 所示。

表 6-4　　　　　　　　　　　　"网上国网"培训课程表

培训课程		内训师	省集中管理人员	省集中核心人员	省集中骨干人员	地市集中骨干人员	一线人员
类别	课程						
"网上国网"与现代服务体系建设	课程 1：以客户为中心的现代服务体系		√	√	√		
	课程 2："网上国网"运营体系建设		√	√	√		
	课程 3：创新机制与人才队伍建设		√				
"网上国网"与以用户为中心的产品设计	课程 4：客户需求分析及产品目标定位		√	√			
	课程 5：以用户为中心的产品设计	√	√	√			
	课程 6：App 客户体验评测方法	√	√	√	√		
"网上国网"App产品功能及相关业务	课程 7："网上国网"App 项目总体建设情况	√		√	√	√	√
	课程 8："网上国网"App 产品设计（注册及公共服务）	√		√	√	√	√
	课程 9："网上国网"App 产品设计（业扩）	√		√	√	√	√
	课程 10："网上国网"App 产品设计（新型业务）	√		√	√	√	√
	课程 11："网上国网"App 产品设计（电费）	√		√	√	√	√
"网上国网"与全渠道运营	课程 12："网上国网"运营工作方案		√	√			
	课程 13："网上国网"浙江试点活动策划方案		√	√			
	课程 14：渠道运营平台应用		√	√			
	课程 15：数据共享平台应用（缺大纲）		√				
	课程 16：互联网运营经验分享		√				

四、应急处置

（一）工作目的

互联网创新产品的稳定运行是产品推广、运营的前提，因产品可能涉及各个系统，任一系统出现故障均有可能影响 App 正常运行，为迅速、有效地处理信息系统故障，保障相关核心系统的稳定运行，最大限度地减少系统故障造成的影响和损失，需制定应急处置方案。

（二）适用范围

互联网创新产品的相关平台与系统在运行中出现主机、网络、数据库、应用、接口及其他故障，以及因重大活动引起的系统临时关停（如 G20 等），导致影响 App 业务办理的情况。

（三）应急组织及职责分工

应急处理建议实行两级组织管理，成立应急工作领导组、地方应急工作组以及系统运行保障组开展应急处置工作。各小组职责如下。

（1）应急工作领导组职责：①领导、协调相关部门及合作单位，协调处理突发事件，决定启动、结束突发事件应急方案，统筹安排应急工作任务；②对地区上报的重大故障和各业务部门的投诉进行管理，并监督和协调处理；③事件消除后，总结应急工作，形成工作报告。

（2）地方应急工作组职责：①负责本地区核心系统运行的日常业务监控工作；②系统突发运行中断或性能严重下降时，第一时间准确上报应急工作领导组；③接受应急工作组领导，协调相关部门及合作单位，根据事件等级采取相应的应急措施；④负责落实对外公告和用电客户的解释工作；⑤在故障处理完毕后进行验证，协助处理系统恢复后的异常流程等业务的处理。

（3）省侧系统运行保障组职责：①保障相关系统的稳定可靠运行，包括使用范围中信息系统中的应用软件、主机设备、网络设备、存储设备、备份设备、数据库、中间件等；②负责相关系统日常运行监控、系统巡检、系统检修、应急处理以及性能优化；③负责突发事件接警，进行故障分析并及时上报应急工作领导组；④依据应急工作组的指示，进行突发事件的恢复方案操作；⑤按照应急处置方案要求，做好故障报告、总结工作；⑥及时修正可能导致系统性能下降或系统故障的系统缺陷。

（四）应急处置工作流程

应急处置工作流程包括事件发现、应急启动、应急处置、应急解除和应急结束四个步骤。

1. 事件发现

突发事件反馈渠道包括但不限于：

（1）利用全链路监控工具在日常监控中发现，或客服渠道收集到的问题。

（2）利用链路监控工具（统一日志分析平台等）在日常监控中发现。

（3）地区现场应急工作组人员通过电话、短信、微信、RTX 群、邮件等方式上报事件。

事件现象包含但不限于：

（1）数据（网页）遭篡改、假冒、泄露和窃取，对安全生产、经营活动和社会形象有一定影响。

（2）核心业务数据丢失。

（3）因网络原因导致应用无法使用。

（4）核心业务不可用。

（5）其他影响业务正常开展的现象。

2. 应急启动

（1）系统运行保障组接警后，应立即进行初步故障定位，20分钟内将初步故障原因、影响范围以及预计恢复时间上报应急工作领导组；

（2）应急工作领导组收到事件报警后，根据突发事件等级标准判断事件等级，如符合突发事件标准，立即启动应急，按照相应等级的突发事件处理措施进行故障报备以及应急故障处置。

3. 应急处置

（1）应急工作领导组在规定时间内进行运行安全事件报告，立即通过电话、微信、短信、RTX群、邮件等方式通知各地市现场应急工作组。

（2）系统运行保障组进行省侧技术应急处理，根据应急处理方案要求，执行恢复方案。

（3）应急工作领导组应密切关注故障解决进度，判断故障是否及时得到处置，事态是否得到控制，突发事件是否升级。

（4）突发事件升级后，需重新启动应急，按照相应等级的突发事件处理措施进行故障报备以及应急故障处置。

4. 应急解除和应急结束

（1）系统运行保障组故障处理完成后，及时告知现场应急工作组及相关部门进行业务验证，业务验证无误后，由应急工作领导组通知各单位应急解除。

（2）故障处置完毕后，故障发生负责单位需要根据对应等级的突发事件处置要求撰写书面报告，对服务器、数据库、网络及防火墙等日志进行分析，综合分析突发事件发生原因，做好故障总结。

第三节　上线后验收

上线后验收又称试运行验收、竣工验收，是指产品上线并经一段时间的试运行，依据国家及行业有关法规、标准和规范，根据项目设计和建设过程中的相关文件材料，结合试运行期间的表现对项目进行的总体验收。

一、验收目的和原则

为加强项目管理，规范项目竣工验收等工作，确保项目质量，实现信息化建设和运维阶段有序衔接，信息化项目竣工验收工作坚持"统一管理，分级负责，严格标准，规范程序"管理原则，简化形式，注重实效。

二、验收流程

信息化项目完成合同规定的目标和任务，经用户认可后，可提出开展项目验收。针对建成信息系统的信息化项目，通过上线试运行验收后，方可提出项目竣工验收申请。信息化项目竣工验收前，应确保对应安全防护方案通过评审，完成防护措施的部署及安全测试。信息化项目竣工验收可根据项目建设各环节的实际需要，进行分项验收，项目整体竣工后再进行竣工验收。

验收程序包括申请与受理、制定验收方案、项目文件材料审查与测评、形成验收结论四个环节。

（一）申请与受理

项目具备验收条件后，可申请开展验收。针对公司统一组织建设或总部独立组织建设的信息化项目，对于委托公司下属单位负责建设管理的项目，受托建设管理单位完成预验收后提出验收申请；对于总部直接负责建设管理的项目，项目承建单位提出验收申请。经总部业务部门（针对业务应用信息化项目，后同）认可后将验收申请表提交国网信通部，同时收集各单位应用证明。国网信通部对验收申请进行受理。针对各单位独立组织建设项目，对于委托建设管理的项目，受托建设管理单位完成预验收后提出验收申请；对于本单位直接负责建设管理的项目，项目承建单位提出验收申请，经本单位业务部门确认后，由本单位信息化职能管理部门对验收申请进行受理。

（二）制定验收方案

验收申请受理后，由信息化职能管理部门协商有关业务部门，并制定验收方案。针对公司统一组织建设和总部独立组织建设的信息化项目，由国网信通部商有关业务部门制定验收方案。针对各单位独立组织建设的信息化项目，由各单位信息化职能管理部门商有关业务部门后，组织制定验收方案。

验收方案主要包括以下四项内容。

1. 确定验收方式

对于统一组织建设的项目，根据项目实际情况，可选择统一组织验收或安排各单位独立组织验收。

2. 建立验收组织机构

根据需要成立验收委员会或验收工作组，下设项目文件材料审查组、系统测试组等。验收委员会或验收工作组人数为 5 人以上单数，设组长一名，由组内人员担任。验收专家应在本专业内具有 3 年及以上工作经验。验收专家组成应包含项目建设人员、相关业务人员及运维人员等。

3. 明确验收具体内容

根据项目规模和性质，确定系统测试具体形式，提出项目验收所要准备的文件材料。

4. 制定验收计划

明确项目文件材料审查、系统测评、验收会议等时间安排。

（三）项目文件材料审查与测评

具体验收包括项目文件材料审查和系统测评两个方面。

项目文件材料审查组负责审查工作，主要检查项目建设的批复文件及有关档案，单项设计、开发、实施、集成、验收等技术档案，检查各类标准、管理文件、过程控制文件、安全相关文件等材料是否齐全，检查项目建设中发生的重大变更是否获得项目批复机构批准；检查项目承建单位是否向运维单位移交系统技术文档、运维管理手册、系统配置说明、用户配置表、系统管理权限以及技术支持联系方式等材料，是否完成上线试运行验收及运维培训。

系统测试组负责系统测评工作，主要对系统进行功能性测评和非功能性测评，重点对试运行期间发现的问题进行测评，形成系统测评报告。功能性测评主要检查系统是否满足设计方案和合同约定的功能，满足实际应用需求；非功能性测评包括系统压力测试与安全评估，重点考察系统的集成性、健壮性、稳定性、安全性、可维护性、复合响应能力、自动监测能力、与架构符合度等指标。非功能性指标未通过上线试运行验收的，不得进行系统验收。

三、验收结论及整改

验收委员会根据项目文件材料审查和系统测评情况，根据需要召开验收会议，形成验收意见和结论，写入竣工验收报告。验收意见应明确给出验收结论。验收结论分为"通过验收""进一步完善后重新审议验收""不通过"三种。

（一）通过验收

完成所有建设内容，技术指标达到设计要求，建设标准达到国家及行业信息化相关建设标准，系统运行安全稳定，建设过程符合公司管理办法及相关规定，项目文件满足验收要求。项目通过验收后，统一组织建设信息化项目的验收意见印发至项目建成系统的应用单位；各单位独立组织建设项目验收信息报总部备案。

（二）进一步完善后重新审议验收

建设内容和技术指标基本达到设计要求，但提供的验收文件材料不齐全，或者对验收结论存在争议。对于验收发现的问题，要明确整改内容、责任单位及时间要求，项目承建单位应采取措施按要求认真处理。需重新审议的项目，要在三个月内再次提出验收申请。第二次验收仍未通过验收的，则验收结论为"不通过"。没有通过验收的项目，由信息化职能管理部门依据实际情况，提出处理意见。

（三）不通过

建设项目有下列情况，不通过验收：

（1）验收文件、材料、数据不真实；

（2）未达到设计要求；

（3）设计、施工不符合国家及行业信息化建设相关标准；

（4）擅自修改设计目标和建设内容；

（5）项目实施过程中出现重大问题，未能解决和做出说明，或存在纠纷尚未解决的；

（6）由于不可抗拒等因素造成责任书或合同无法全部执行的，项目承建单位应提交相关报告和经费决算表，同时提出项目终止申请，由信息化职能管理部门审查后，同意项目终止。

第七章　产品的用户体验

　　用户体验是用户在使用产品、服务或系统时的主观感受。好的用户体验可以提升用户在使用产品时的愉悦度和满意度，促使用户持续使用并主动传播产品，帮助产品获得越来越多的忠实用户。产品的用户体验测评基于以用户为中心的服务理念，以功能合理、操作简便、视觉美观、用户满意为主要目标，从功能体验、操作体验、视觉体验等多个维度，采用专家测评、问卷调查、功能卡片测试、功能可用性测试等多种方法，评估产品的用户体验设计是否切实符合用户需求，在实际使用中是否真正可用、易用、好用。

　　产品的用户体验是有生命周期的，它贯穿于产品立项、设计、开发、上线的整个生命周期，与产品规划、产品设计、产品运营有着密不可分的关系。产品规划是用户体验的基础和前提，用户体验需充分考虑实际目标用户的特征和习惯，不能背离产品战略目标的方向。产品设计是用户体验的实现途径，好的用户体验需落实于具体的功能、交互和界面设计，才能传达给用户。产品运营是用户体验的成果检验和反馈，产品上线后，通过用户新增、活跃、留存等运营数据，评估用户对产品体验的满意度，也可通过数据分析发现产品体验的不足之处、加以改进。

　　本章主要讲述用户体验的定义、分析用户体验的五个要素、用户体验的全周期测评、用户体验的评价指标和测评方法。

第一节　用户体验的定义与要素

一、用户体验的定义

　　用户体验定义为人们对于使用或期望使用的产品、系统或者服务的认知印象和回应，即用户在使用一个产品或系统之前、使用期间和使用之后的全部感受，包括情感、信仰、喜好、认知印象、生理及心理反应、行为和成就等各个方面。通俗来讲就是"这个东西好不好用，用起来方不方便"。因此，用户体验是主观的，且其注重实际应用时产生的效果。

　　用户体验与每个人息息相关，在生活中，随时随处都能感受到好的用户体验带来的愉悦，以及不好的用户体验带来的不便。当我们抱怨"这个东西好难用！""购买的入口在哪里，半天都找不到啊！""不小心删除了重要信息怎么办，急死我了！"的时候，其实就是在谈论用户体验。

可以从三个方面对用户体验进行分类。

（1）感观体验：呈现给用户视听上的体验，强调舒适性。一般在色彩、声音、图像、文字内容、网站布局等呈现。

（2）交互体验：界面给用户使用、交流过程的体验，强调互动、交互特性。交互体验的过程贯穿浏览、点击、输入、输出等过程给访客产生的体验。

（3）情感体验：给用户心理上的体验，强调心理认可度。让用户通过站点能认同、抒发自己的内在情感，说明用户体验效果较深。情感体验的升华是口碑的传播，形成一种高度的情感认可效应。

二、用户体验的意义

先来看一些产品设计案例。

图 7-1 中，左侧的场景是否让你觉得熟悉又苦恼：插座的上下两孔之间由于距离过近，导致无法同时使用。而右图则是一种改良后的新型插座产品，解决了上述问题，给用户带来方便。

图 7-1　用户体验案例一

再看一个 App 的例子，图 7-2 左右两侧分别是两个天气 App 的界面。左侧 App 界面中的信息排布和颜色运用繁复而杂乱，用户浏览时不易找到有用信息，视觉感受上也不够美观舒适。而右侧的 App 界面简洁、层次清晰，将关键信息放大突出显示，色彩运用上也做出了简化统一，看上去美观大方。孰优孰劣，一目了然。

图 7-2　用户体验案例二

　　从以上两个案例中可以看出，好的用户体验设计，首先是理性的，它要解决用户的某个实际问题；其次是感性的，它要让问题变得更容易解决，使用户在整个过程中产生好的体验，这样用户就很容易感到满足。

　　用户体验是决定产品是否成功的关键因素之一。提升产品的用户体验，是确保良好品牌忠诚度和提高用户群增长速度的有效手段。

　　一方面，用户体验的好坏会影响用户满意度和忠诚度。当用户开始尝试使用一款产品时，优质的用户体验可以给用户留下良好的第一印象，吸引并留住用户，促使用户持续使用产品，成为产品的忠实用户。而恶劣的用户体验，则会导致用户在第一时间放弃使用产品并离开，使用户对产品产生不好的印象，且负面评价会通过各种途径传播出去，影响产品的口碑。图 7-3 示例说明了恶劣的用户体验对产品口碑的影响。

　　另一方面，用户体验的好坏直接影响产品的各项运营指标，影响产品的运营成效。根据用户运营的 AARRR 模型（见图 7-4），一款产品生命周期有五个重要环节：获取新用户、用户活跃、用户留存、获得收益和传播。这其中每个环节的成功，都离不开用户体验的作用。当用户开始尝试使用一款新的产品（获取新用户）时，只有该产品具有良好的用户体验，用户才会愿意频繁（用户活跃）且持续（用户留存）地使用产品，为产品付费（获得收益），并将它推荐给别人（传播）。好的用户体验，能够加速上述的转化过程，帮助产品更加高效、持续地获取忠实用户，

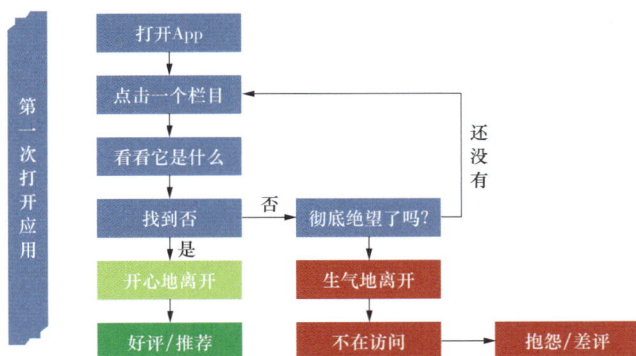

图 7-3　恶劣的用户体验示例

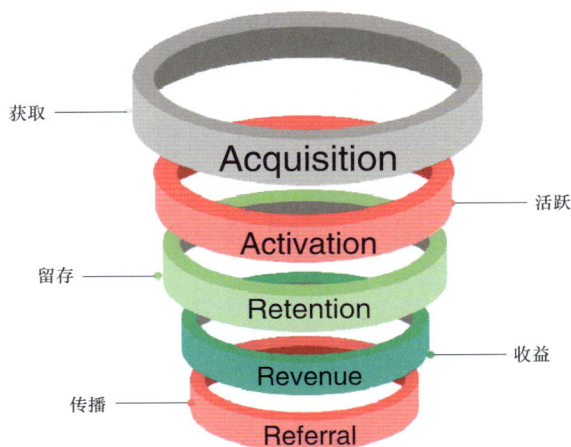

图 7-4　AARRR 模型

为企业带来收益，在市场竞争中取得优势。

三、用户体验的要素

"用户体验五要素"理论由加瑞特（Jesse James Garrett，用户体验咨询公司 Adaptive Path 的创始人之一）提出，是互联网行业内的经典理论之一。加瑞特将影响产品用户体验的要素划分为五个层次，即战略层、范围层、结构层、框架层、表现层，如图 7-5 所示。

当用户开始尝试使用一款产品时，用户是按照自上而下的顺序来体验产品。

当用户打开产品时，首先感知到的是产品的表现层，即用户通过视觉、听觉、触觉等感官所获得的第一印象，例如产品的主色调是蓝色还是红色、设计上采用了扁平化风格还是拟物风格等。如图 7-6 所示的一款自动化办公（OA）App，选取蓝色为主色调，给人以商务、职业、理性的视觉感受。

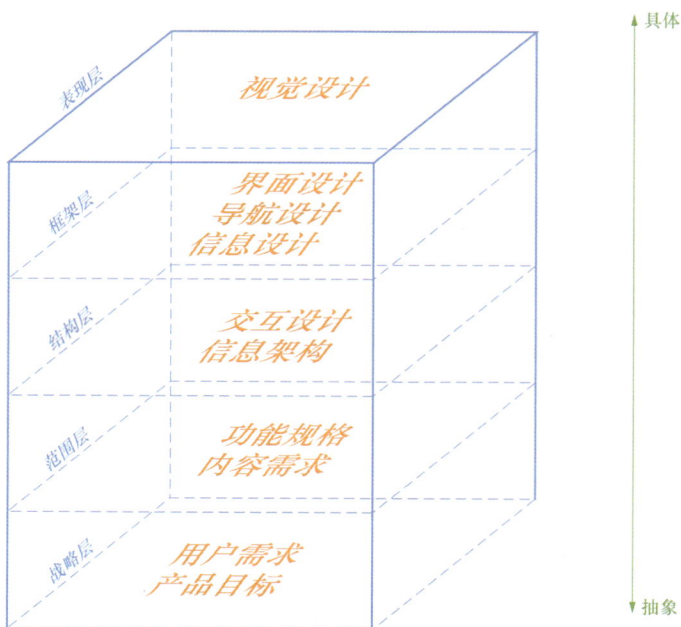

图 7-5　用户体验五要素

图 7-6　以蓝色为主色调的自动化办公（OA）App

　　通过简单的浏览后，用户开始对产品的框架层有所感知，开始了解页面上各个元素的布局和样式。例如用户可以看到菜单是怎么设计的、每个菜单分别对应什么功能、需要通过列表还是搜索框来查找需要的功能等，如图 7-7 所示。

　　当用户开始使用产品，用户可以进一步感知到产品的结构层，了解完成一项功能需要经历怎样的路径、中间会发生哪些交互，例如电商 App 的在线购物流程是怎样的、在各个环节是否有信息提示等，如图 7-8 所示。

图 7-7 一款电商 App 的首页菜单和搜索框设计

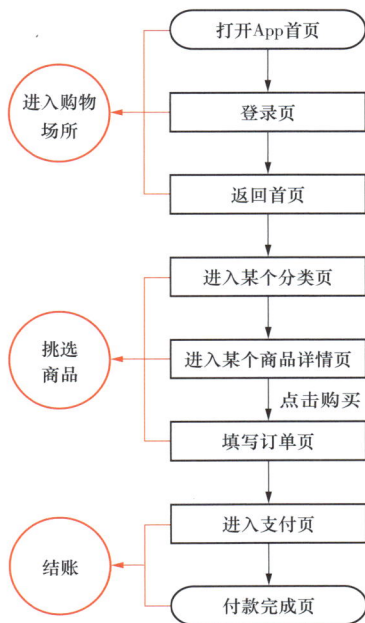

图 7-8 电商 App 用户在线购物流程

　　随着用户使用产品功能的深入，用户开始感知到范围层，用户开始产生"这里要是可以有这样一个功能就更好了""这个功能对我来说好像没什么用"的思考。例如实名认证能否从身份证图片中自动提取身份证号码信息、填写地址时能否自动获取定位等，如图 7-9 所示。

图 7-9 出行 App 根据用户定位和过往订单自动填写出发地点并给出目的地建议

　　当用户使用产品完成后，用户会判断是否达成了自己的目标，这就是战略层的感知。例如一款电力 App 是否真的解决了用户日常的用电需求，让用户可以了解自己的用电情况，并更方便快捷地进行缴费、业务办理等操作。

　　而在进行产品的用户体验设计时，顺序则是自下而上的，是一个由抽象到具体的过程。图 7-10 用通俗易懂的语言说明了按照用户体验五要素分层的方法设计一款产品的过程。首先对产品的战略目标有一个定义，然后根据这个定义去确定产品的功能点，最后具体到实现细节和设计风格上。五个层次之间并不是独立的，而是一环扣一环：一方面，上层环节要依托于底层环节，不能背离底层环节所确立的方向；另一方面，在设计上层环节时往往能够发现底层环节的问题，因此也需要及时对底层环节进行重新评估、发现问题并做出调整。

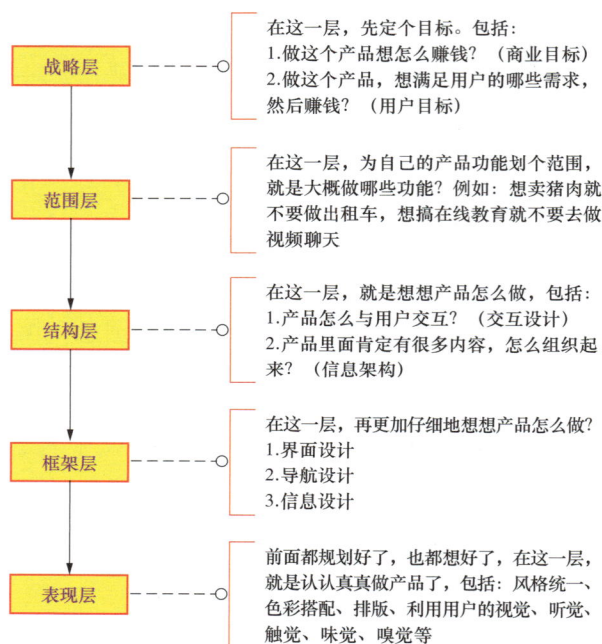

图 7-10　基于用户体验五要素的产品设计流程

（一）战略层

　　战略层即产品的目标和方向，是产品用户体验的基础和核心。产品的功能、交互和界面设计，都不应背离产品的战略方向。例如设计一个杯子时，为了美观把它设计成镂空的，这就违背了杯子是用来盛水喝水的基本目标。

　　战略层包括两个方面，一是企业的商业目标，二是用户的需求。而这两者往往是矛盾的，例如企业想要赚钱，而用户想要省钱。因此，战略层的重点就是解决二者的矛盾，综合考虑公司的核心利益模式、用户的核心需求体现、品牌的核心定位价值，在商业上找准价值切入点，从而达成商业目标和用户需求上的最优化平衡。

1. 商业目标

在确定产品的商业目标时，要考虑以下三个方面：

首先，产品的商业目标通常至少要满足两个意图之一：为企业赚钱，或为企业省钱。

其次，传递企业的品牌价值也是产品的目标之一。用户对品牌的印象和感知，包括视觉表现、认知系统、情绪反应等，而这些感知就是用户在使用产品的过程中形成的，因此企业的每一款产品都应体现企业统一的品牌理念，实现承载传递企业品牌价值的作用。

最后，商业目标应该能够被准确地表达、理解和界定，需要制定成功的标准，定义一些可量化追踪的指标，用以评估产品是否达成了商业目标。

2. 用户需求

在挖掘用户的需求时，有以下两种方法。

（1）对用户进行细分，定义用户群。每一款产品都有自己所针对的一种或几种目标用户群体。在进行用户研究时，需要把大量的用户需求划分成几个可管理的部分，每一部分的用户都具有一些共同的关键特征。在进行用户细分时，通常要考虑的因素有：人口统计学（用户的性别、年龄、教育水平、婚姻状况、收入等）、消费心理（用户的世界观、感兴趣的事物、对产品的观点和看法、对产品相关内容的熟悉程度等）、用户的社会角色和专业角色、所处的环境、认知和行为方式、对新事物的接纳程度和学习能力等。通过用户画像定位目标用户、细分用户群体、分析用户需求如图 7-11 所示。

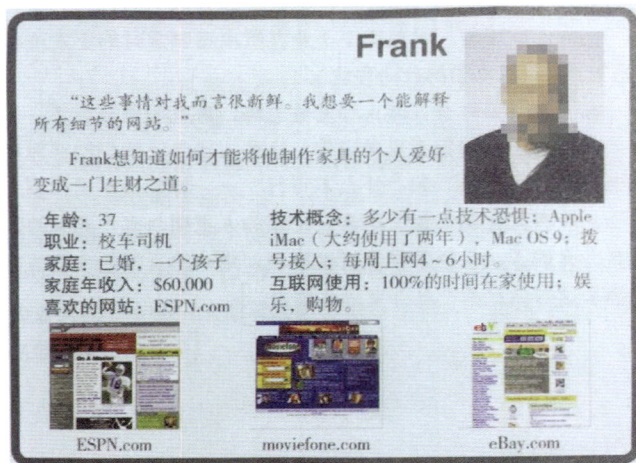

图 7-11　通过用户画像定位目标用户、细分用户群体、分析用户需求

（2）观察市场动态、分析市场趋势。在互联网发展历程中，产生过社交网络、电子商务、O2O、共享经济、短视频等多次风潮，这些都不是仅一两款产品的成功，而是一个个市场领域的兴起。一款产品的成功必然要依托于大的政策和市场环境，因此需要进行充分调研，不但要了解当前的环境，还要做出未来发展趋势的分析，为产品制定合理的战略方向。进行市场环境分析的方法有很多，例如SWOT法（从内部优势、内部劣势、外部机会、外部威胁四个方面进行分析的方法）、PEST法（从政治、经济、社会、技术四个方面分析宏观环境的方法）等。

（二）范围层

范围层的意义在于判断、选择有价值、有限的、可行的事，具有过程价值和产品价值两个方面的价值。

过程价值是指在这之前产品还处于假设阶段，而在思考、定义范围层的过程中，产品的概念由粗略变得具体，迫使我们思考一些潜在的冲突，并且有所取舍，确定目前要解决哪些事情、而哪些问题必须迟一点再解决。

产品价值是指当产品的范围层定义清楚后，就给了整个团队一个参考点，明确了项目中需要完成的全部工作，这为产品团队能够继续共同讨论并推进这件事情提供了基础，也为避免后续设计过程中出现模棱两可的情况提供了保障。

确定产品的范围层有两个重要环节：一是洞察用户需求，二是对需求的优先级进行排序。洞察用户需求，也就是确定要做什么、不要做什么的过程。而对需求的优先级进行排序，也就是确定先做什么、后做什么的过程。

1. 洞察用户需求

产品的用户需求，有功能需求和内容需求两类：功能需求指用户需要什么样的功能、以什么样的流程完成这项功能等；内容需求则需要考虑用户需要关注哪些内容，如何获取、维护和更新这些内容等。

用户需求来源于用户，但用户有时并不会直接表达自己的真实想法。因此，在收集用户需求时，一方面要走近用户，实实在在地与用户交流、了解用户的想法，切忌闭门造车、自己想当然；另一方面也要对用户的表达进行分析、判断和筛选，不能直接照搬用户的意见。

在用户调研中，用户的需求表达通常有三种情况：

第一种，用户清晰准确地描述了自己的需求和想法。例如掌上电力App用户希望在缴纳电费时，能够支持微信支付等多种支付方式。

第二种，用户表达的是需求的表象，并不是他们真正想要的东西，这就需要去洞察用户表达内容背后的真实意图。例如，当一个白领表示想要一个给自己做饭的人，她未必是需要一个保姆，背后隐藏的情况可能是：白领工作忙，没时间做饭，但长期吃外卖又担心不卫生、不健康，因此她实际需要的是一个能够提供便捷、安全、健康饮食的解决方案。

第三种，用户所表达的需求局限于自己目前的认知范围，用户没有想到，还要其他更好的解决方案。例如，在工业时代到来之前，如果用户需要一种更快的交通工具，他会说"给我一匹更快的马"，但如果有人发明了汽车，用户就会选择汽车，而不是千里马。

搞清楚用户需求需要很深的洞察力，从用户说了什么，到用户为什么这样说、用户没有说出来的是什么，层层深入地进行分析。除此之外，任何一项功能都是在具体的场景中被使用的，因此对用户需求的分析要依托于具体场景。同样是前面马和汽车的例子，当用户说需要一匹马的时候，如果他是要赶路去远方的城镇，我们可以给他提供一辆汽车，但如果用户是要参加赛马比赛，而我们却给了他汽车，恐怕用户就会很生气了。

2. 需求优先级排序

在对需求进行优先级排序时，首先要对这些需求进行分析和分类。一种分析方法是四象限法则，即从重要性和紧急性两个维度来分析需求，把需求分为重要且紧急、重要但不紧急、不重要但紧急、不重要也不紧急四类。另一种分析方法是把需求分为基本型、期望型和兴奋型三类：基本型即产品解决用户需求所必须具有的基础功能；期望型指用户希望拥有、能够给用户带来更多便利和愉悦的"锦上添花"型功能；兴奋型功能则是指能够给用户带来惊喜的功能。

在对需求进行分析和分类之后，可以从以下几个方面来考虑需求优先级的排序：

对于一款首次推向市场的新产品，用户需求的重要性往往是：基本型 > 期望型 > 兴奋型。基本型需求决定了用户能否正常使用产品，是产品生命延续的基础和前提。就如同建造金字塔，要先建好最底层，才能继续建造中间层和最高层。但需要注意的是，基本型需求的重要性并不意味着要完全放弃期望型和兴奋型需求，新产品出于运营和推广的需要，可能需要一些期望型和兴奋型需求作为产品的亮点和卖点，在市场上与竞争对手形成差异化和品牌区隔，帮助产品获得传播的话题性和良好的用户口碑。

对于已经上线的产品，产品已经拥有了一定数量的用户，因此可以通过问卷调查等方式收集用户需求的相关数据来进行分析。分析用户需求时，要从用户基数和使用频次两个方面来考虑，例如交电费和申请新装两个功能，用户需求的基数都很大，但显然，用户使用交费功能的频次要远远高于申请新装。而对于付费类的产品，除用户基数和使用频次外，还需要考虑需求所带来的经济效益。经济效益由单个用户／单次使用所能带来的收益和用户愿意为这项功能付费的可能性两个因素共同决定。

此外，还需要考虑不同功能需求之间的前置后置条件关系。前置后置条件指的是，必须先实现 A 功能，才能实现 B 功能，那么 A 就是 B 前置条件。例如在使用电商类 App 时，完成购物后，用户不一定非常愿意对商品进行评论，因为这会花费自己的时间，但在购物前，大多数用户都很希望能看到其他买家的评价，来为自己提供参考。因此，虽然"用户在商品详情页查看评论"这项功能的需求度高于"用户对商品进行评论"这项功能，但由于后者是前者的前置条件，只有先开通商品评论功能，才能将评论展示在商品详情页，所以在对需求进行排序时，"添加评论"功能要排在"展示评论"功能之前。以某垂直电商平台为例，其功能需求优先级分析如图 7–12 所示。

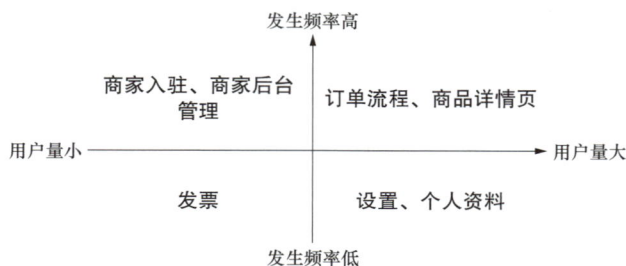

图 7–12　某垂直电商 App 的功能需求优先级分析

（三）结构层

结构层的重点在于确定各个将要呈现给用户的元素的模式和顺序。如果说范围层需要的是理解用户的想法，那么结构层则需要理解用户的行为和思考方式。对于功能类产品，结构层主要关注的是交互设计，即关注将影响用户执行和完成任务的元素；对于信息类产品，结构层主要关注的是信息架构，即关注影响如何将信息表达给用户的元素。但需要注意的是，目前大多数互联网产品并不能被简单归类为功能类或信息类，而是将功能和信息集于一体，因此在考虑产品结构层的用户体验时，要综合考虑交互设计和信息架构。

1. 交互设计

交互设计关注的是用户可能的行为，以及系统如何配合与响应用户行为，从而使用户形成"结构化体验"。在进行交互设计时，需要注意以下三个方面。

（1）模拟生活或业务中的真实场景和流程。例如饭店里使用的在线点餐小程序，点菜—下单—支付的过程，与用户利用纸质菜单点餐的流程是一致的。根据线下业务逻辑来设计产品功能的流程，可以降低用户的初次学习成本，提高用户对功能的接受度。

（2）不要违背用户的习惯。用户的习惯来源于两方面：一是用户自身的本能，例如人往往都喜欢少思考、少操作，因此要将交互尽量设计得简单、明确；二是其他产品通用的交互方式，例如在无数 App 的共同"培养"下，用户早已习惯了下拉页面就是刷新、加载新数据，在设计 App 的交互时，就要遵循这些通用的设计方式，使用户能够凭借自然习惯进行操作。

（3）要考虑如何避免和处理错误。一方面，要通过及时、合理的提示和引导，避免用户出现操作错误；另一方面，在用户出现操作错误之后，要给予清楚的提示，不仅要告知用户出错的情况，还要让用户知道该如何纠正。

2. 信息架构

信息架构关注的是信息的组织分类及导航结构，主要有三个目标：①将信息进行"分类"，类似于把商品摆上货架的过程；②将信息"连接"，就像是在不同城镇之间修桥修路，使它们能互相连通；③对信息进行"处理"，使信息能够易识别、易记忆、易理解。常见的信息结构有层级结构、自然结构、线性结构、矩阵结构。

（1）层级结构：像展开菜单一样，按照内容的分类层层展开。例如在电商类 App 中，用户先进入衣饰、美妆、电子、食物等商品的一级分类，再从一级分类中选择二级分类，例如衣饰中分为女装、鞋帽等，最后再查找具体商品。层级结构的优点是安全、准确、高效，因此适用于用户有目的查找任务和信息的情形。

（2）自然结构：没有明确的组织和连接规则，而是将信息"散乱"地呈现出来。自然结构适用于用户没有浏览目的、自由探索和发散式闲逛的情形，例如微博、B 站等。其优势在于给用户营造一种沉浸式的体验场景，就像是在大商场、博物馆、公园之类的地方自由行走、浏览，能够吸引用户长期留在产品中。

（3）线性结构：按照各个信息和元素应该出现的顺序，依次将它们呈现出来，是一种极端简单的结构。例如图 7-13 中，用户在线上预约同城运输一些货物，按照填写基本信息—完善确认订单—预约成功—完成派单—上门服务—服务完成的顺序依次呈现页面。

（4）矩阵结构：即并不是对信息进行单一的分类，而是从两个以上的维度对信息进行分类，用户可以进行交叉查找。例如视频类 App 中，用户可以同时根据内容类型（电影、综艺等）、视频时长（10min 以下、10~30min 等）、发行年份、视频来源地（内地、港台、欧美等）等多个维度查找筛选视频。

（四）框架层

框架层是结构层的表达，用于优化设计布局，确定页面中按钮、控件、照片、文本区域等元素的位置，以达到各个元素的最大效果与效率。框架层主要包括三个

图 7-13　线上预约同城运输流程

方面，即界面设计、导航设计和信息设计。对于大多数产品来说，通过安排和选择界面元素来整合界面设计；通过识别和定义核心导航系统来整合导航设计；通过放置和排列信息组成部分的优先级来整合信息设计。

1. 界面设计

界面设计是提供给用户做某事的能力，即选择正确的界面元素，既能帮助用户完成任务，还要通过合适的方式让用户更加容易理解和使用。界面设计的重点在于搞清楚哪些元素对用户来说是重要的、哪些是不重要的，并且想办法让用户注意到重要的元素。例如，把重要的按钮放在界面中用户容易注意到的位置，或是用醒目的颜色来显示；再比如在用户进行选择时，自动默认选择上我们希望用户选择的。这些都是引导用户注意力的常见小技巧。

2. 导航设计

导航设计是提供给用户去某地的能力。导航设计必须同时完成三个目标：①提供给用户一种在不同页面之间跳转的方法，最常见的就是点击一个链接或按钮，然后跳转到某个页面；②需要准确传达链接与它们所到达页面内容之间的关系，也就是在用户看到链接或按钮时，就能够准确地猜测到点击后将会看到的内容，因此要强调链接与跳转页面之间的"一致性"；③传达不同页面之间的层级关系，使用户能够知晓自己当前所处的位置，例如网站中常见的面包屑导航。

3. 信息设计

信息设计是给用户呈现信息的方法，是界面设计和导航设计的交叉，因为合理的导航和界面呈现都会影响用户查找、理解和使用信息的体验。信息设计是把各种设计元素聚合到一起的过程，需要对散乱复杂的信息进行分组和整理，帮助用户理解"我在哪""我能去哪""哪条路径最优"，反映用户的思路，并且支持用户的任务和目标。

（五）表现层

表现层赋予产品外在感受，以满足用户的感官感受，就像是给一幅画涂上颜色，使它变得鲜亮生动。表现层的设计主要指视觉方面，一方面要带给用户美观舒适的视觉感受，另一方面要给予用户清晰准确的视觉传达，例如某个元素是否可以点击、图标的意义等。除视觉外，也需要考虑用户的触觉、听觉等其他感官感受。产品的表现层设计通常需要考虑以下四个方面。

（1）忠于用户的眼睛。评估产品的视觉体验时，需要问自己：用户的视线将首先落在什么地方？用户会重点关注到什么元素？用户关注的元素是我们希望用户关注的吗？设计成功、体验优秀的产品，用户在浏览时，眼球的移动轨迹模式应该具有两个重要特征：一是用户的眼睛移动应该有一条清晰流畅的路径，例如自上而下、从左到右等，而不是让用户漫无目的地在不同位置、不同元素中跳来跳去；二是要为用户提供适当的引导，既能帮助用户更顺利地完成目标和任务，又不用过多的冗余细节干扰用户。

（2）注意对比和一致性。对比可以使视觉传达更丰富，引导用户注意到更重要和关键的元素，帮助用户对不同元素进行区分。而在设计中保持一致性，则可以避免引起用户的疑惑、避免用户的重复学习，例如基于栅格线来设计界面的布局、确定元素尺寸和间隔，以及对于不同页面上相同的元素，保持设计一致性等。

（3）注意配色和排版。色彩是向用户传达品牌理念、产品风格的有效途径之一，因此选择符合产品和品牌定位的主色调至关重要。此外，也需要考虑哪些元素应该使用更醒目、更亮的颜色，哪些应该使用相对暗淡的颜色。而在排版方面，也需要遵循既有对比、也有一致性的原则，通过对比区分元素、突出重点，但要避免过于广泛和多样的风格。

（4）注意设计整合和总体风格。上面所讲的，都是针对一个页面、一块区域、一个元素进行设计时的微观考虑。除此之外，更需要对产品的整体风格有一个宏观把控，任何区块和元素的设计，都要在宏观风格所确定的方向之内，这样才能让产品看起来是一个协调一致的整体，而不是若干块碎片。

第二节　用户体验的评价指标

一、用户体验的评价维度

基于加瑞特"用户体验五要素"的分层理论（详见第二节），将影响用户体验的五个要素转化为功能体验、操作体验、视觉体验、用户忠诚度、产品 KPI、技术质量六个测评维度，如图 7-14 所示，各维度的含义见表 7-1。

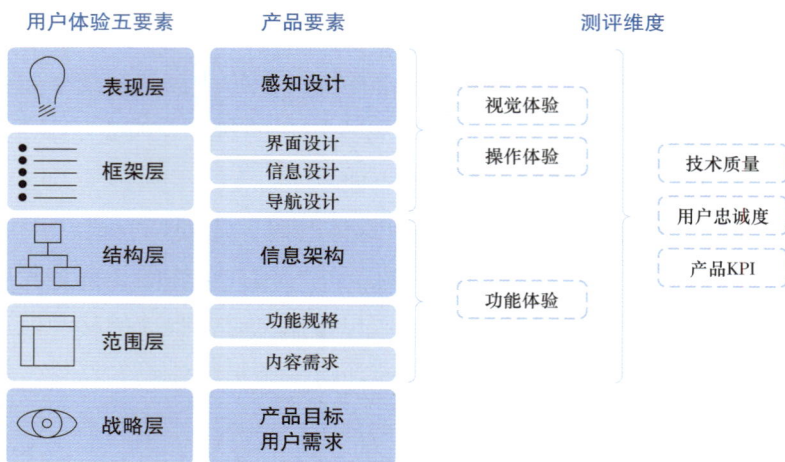

图 7-14　用户体验测评维度划分

表 7-1　　　　　　　　　　　用户体验的测评维度及含义

测评维度	含　义	
功能体验	即产品的功能设置是否符合用户的实际需求，用户在使用 App 时是否容易查找自己所需的功能，以及各项功能使用起来是否稳定、流畅	
操作体验	即产品各项功能的交互设计是否便于用户操作、符合用户的思维和使用习惯，用户能否流畅、不卡壳、不出错地完成功能流程	
视觉体验	即产品的界面设计是否美观清晰，带给用户舒适愉悦的视觉感受，并且能够向用户准确传达各视觉元素的意义，不引起用户歧义和困惑	
用户忠诚度	即用户在使用产品时是否感到满意，用户是否愿意长期持续使用产品，以及用户是否愿意将产品推荐给别人	
产品 KPI	即产品的关键运营指标，用于衡量产品的用户新增、用户活跃、用户忠实度等	
技术质量	指产品系统面向实际用户的外在表现，即产品的技术性能中影响用户体验的因素，包括产品能否在大多数用户使用的设备和系统中正常运行、能否用户带来流畅的使用体验且不消耗过多资源、能否保护用户的隐私数据不受恶意侵害等	

二、用户体验的评价指标

确定了功能体验、操作体验、视觉体验、用户忠诚度、产品 KPI、技术质量六个评价维度后，需确定每个维度中的具体评价指标。选取指标时既要符合行业通用的用户体验设计和评价理念及规范，也要充分考虑所测评产品的个性需求及特征。以国家电网"掌上电力"App 为例，在指标确定的过程中，参考了尼尔森可用性评价原则、Ben Shneiderman 八大黄金法则、Google 体验测评框架、iOS 和 Android 官方设计指南等行业内权威的理论和标准，结合电力业务的产品和服务特性，兼顾指标的有效性和易获取性，选取了 25 个细项指标，用于对产品的用户体验进行全面测评。用户体验各项评价指标的具体说明见表 7–2。

表 7–2 用户体验测评指标

维度	指标名称	指标说明
功能体验	功能有用性	产品功能符合用户真实需求，帮助用户解决问题、达成目标，没有冗余功能
	功能完整性	包含用户所需的全部核心功能
	功能架构合理性	功能分类清晰合理，便于理解和查找
	功能可用性	用户能够流畅高效地完成整个功能流程
操作体验	控制感与自由度	用户能在合理范围内自由掌控和操作，例如用户可以自定义首页功能菜单、系统支持"前进"和"后退"操作等
	灵活和高效	对不同类型的用户设计定制化的操作方式，操作简洁、高效，步骤精简，响应快速
	再识别而不是靠记忆	交互和界面设计符合大众认知，操作对象、选项及提示清晰明确，使用户无须记忆操作流程就可以基于习惯流畅使用功能
	系统状态可见性	通过适时反馈使用户及时了解系统当前状态，例如在用户执行操作后提示操作成功 / 失败、通过面包屑导航让用户随时了解在产品中所处的位置等
	预防错误	通过合理的设计引导用户的操作选择、预防用户出错
	支持错误纠正	在错误提示中告知用户如何纠正错误，语言简洁明了，不包含难以理解的技术性术语
	及时提供有效帮助	帮助信息容易获取和理解，在恰当的使用情境中出现
视觉体验	美观性	整体风格美观，视觉感受愉悦舒适
	清晰简洁	内容主次分明、简洁清晰，文字、图标、图片易识别，能有效引导用户操作
	一致性	用语、图标、按钮、状态显示等在产品的不同位置保持一致（例如同类按钮使用同样的色彩和样式）

维度	指标名称	指标说明	
视觉体验	易理解性	使用用户熟悉、容易理解的图形和语言	
	新颖性	视觉风格新颖独特，让人耳目一新	
用户忠诚度	满意度	用户对产品总体上的满意程度	
	推荐度	用户将产品推荐给他人的意愿度和可能性	
	使用意愿	用户长期持续使用产品的意愿度和可能性	
产品 KPI	参与度	用户使用产品的频度、强度和深度，例如单用户每月访问次数、各核心功能的访问次数、月活跃度等	
	采用率	新产品、新版本、新功能发布后，使用新版本用户占注册用户的百分比	
	留存率	长期监测用户流失情况的指标，体现产品保留用户的能力，反映用户由初期不稳定的用户转化为活跃用户、稳定用户、忠实用户的过程。例如 7 日留存率，30 日留存率等	
技术质量	兼容性	兼容各种主流系统版本、硬件平台等	
	安全性	不存在重大安全漏洞（漏洞的安全等级依据行业标准 CVSS 进行评估）、高危问题，包括配置安全、数据安全、组件安全等	
	性能	页面跳转的流畅度、硬件设备的 CPU、内存、电量的消耗量、高并发状态下的响应时间和出错率等	

第三节　用户体验的全周期测评

一、用户体验全周期测评

用户体验测评，是通过一系列测评方法，评估产品的功能、交互和界面设计能否带给用户良好的体验感受，对用户来说是否可用、易用、好用，旨在发现产品设计中存在的影响用户体验的问题，为产品的优化升级提供参考和支撑，促进产品用户体验的持续提升。

产品用户体验的全周期测评，即将用户体验测评渗透到产品设计、开发、测试、上线的全周期，在产品生命周期的各个阶段开展不同的测评项目，并对测评发现的问题进行跟踪，推动产品用户体验的持续提升。用户体验全周期测评流程如图7-15 所示。

在产品设计阶段，基于服务目录、高保真原型图等素材，邀请互联网用户体验专家对产品的功能、交互和界面设计进行测评，并邀请实际用户参与卡片测试，评估产品的服务功能是否符合用户需求、功能名称和分类是否易于用户理解和查找、交互是否便于用户操作、界面是否清晰美观，及时发现并解决影响用户体验的问题。

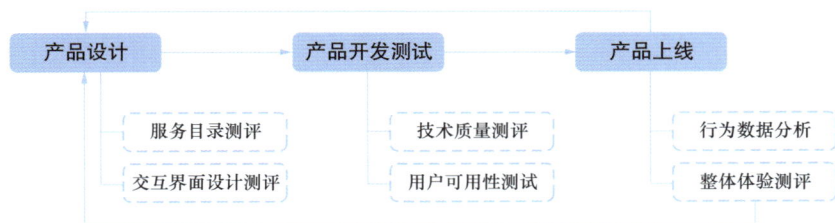

图 7-15　用户体验全周期测评流程

在产品测试阶段，基于 App 测试包，邀请互联网用户体验专家和种子用户，从专业视角和实际用户视角两方面，对产品的功能、交互、界面和技术质量进行全面测评，评估产品的用户体验水平是否达到上线标准，并为用户体验的优化迭代提供参考和支撑。

在产品上线运营一段时间后，开展产品 KPI 测评，根据用户新增率、用户活跃率等关键数据指标，宏观评估分析产品的服务效果。同时对上线前体验测评中发现的问题进行跟踪回溯，确保每个问题都有记录和反馈、重大问题可以及时解决、典型共性问题在新增功能设计中避免再次出现。

二、用户体验测评的原则

用户体验测评基于"以用户为中心"的服务理念，遵循以下三个原则。

1. 全周期参与，多视角评估

将用户体验测评渗透到产品设计、开发、测试到上线的全周期，从行业专家和实际用户等不同视角，产品的功能体验、操作体验、视觉体验等不同维度，真实全面地评估产品的用户体验，分析总结产品存在的用户体验问题，形成用户体验测评闭环，支撑产品的持续优化，不断提高用户的留存率、活跃度和满意度，促进用户从注册到活跃到忠实用户的转化。

2. 微观与宏观相结合

传统的体验测评方式侧重于用户任务操作成功率、满意度等反映用户个体体验的微观指标。大数据技术则可以采集、计算、分析用户参与度、采用率、留存率、活跃度等体现产品服务效果的宏观指标。采用传统测评方式和大数据技术，将微观与宏观相结合，更加全面、客观、有效地评估产品的用户体验。

3. 定性与定量相结合

问卷调查、大数据分析等定量测评方法能够获得大量用户使用行为和感受的量化数据，便于统计分析，更有代表性和说服力。用户访谈、专家测评等定性研究方法能够深入洞察用户心理，了解用户行为和感受背后的原因，为产品设计提供更直接、明确和详细的依据。

三、用户体验的测评方法

用户体验测评采用专家测评与用户测评相结合的方式，从专业视角和实际用户视角两方面评估产品的用户体验。专家测评是邀请互联网用户体验专家进行专业测评；用户测评包括问卷调查、功能卡片测试、功能可用性测试等多种方法，对功能体验、操作体验、视觉体验维度的各项指标进行全面评估。

1. 专家测评

专家测评即邀请互联网用户体验专家，模拟实际用户使用产品的过程，详细体验产品的每项功能，对功能体验、操作体验、视觉体验维度的每项指标进行打分，找出影响用户体验的具体问题并提出优化建议。

参与体验测评的专家人数建议为 4~6 人，要求在互联网、用户体验研究及设计领域有 5 年以上工作经验，服务过微软、Google、BAT 等国内外大型互联网知名企业，参与过大量网站、App 的用户体验研究和设计工作。

测评实施时，首先由测评专家各自独立体验产品，根据业内通用的用户体验设计理论，参考相似类型优秀产品的设计经验，记录测评过程中发现的具体问题（见图 7-16）。由第三方测评人员对每位专家独立测评的结果进行汇总，对内容相同的问题进行合并整理，然后组织专家对测评发现的问题逐一讨论，确定问题严重性等级和问题相关的指标（见表 7-3），并给出优化改进建议。测评专家根据测评问题的指标及严重性等级分布情况（见图 7-17），讨论确定各项指标的专家测评得分（见图 7-18）。

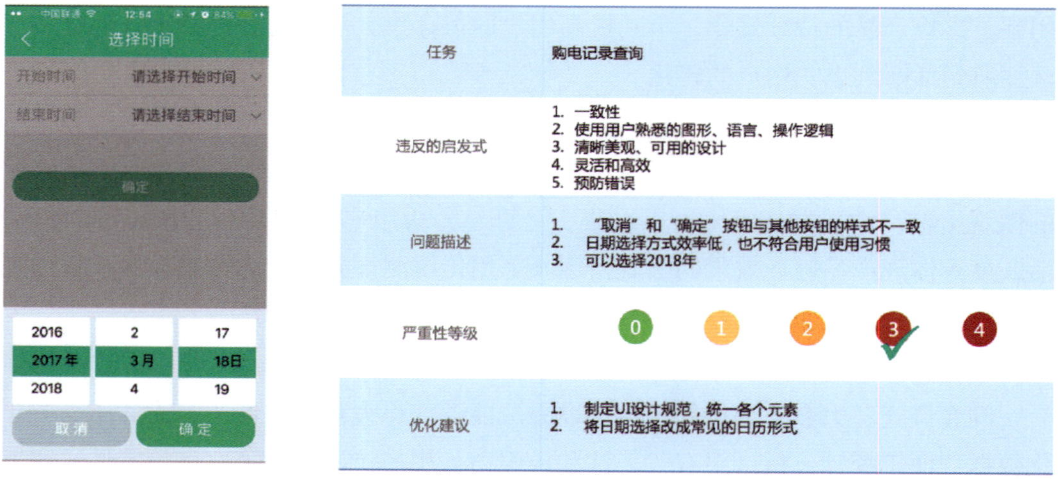

图 7-16　专家测评问题记录样表

表 7-3　　　　　　　　　　　　　　　体验测评问题严重性等级划分

严重性等级	严重性描述
4	重大问题：解决这个问题非常必要且紧急，建议在产品发布之前解决它
3	主要问题：解决这个问题是很重要的，建议在产品近期迭代的版本中尽快解决
2	次要问题：解决这个问题的优先级较低，可以在优先级更高的需求完成后再考虑解决它
1	这个问题不需要特别处理，在项目有额外时间时再优化即可

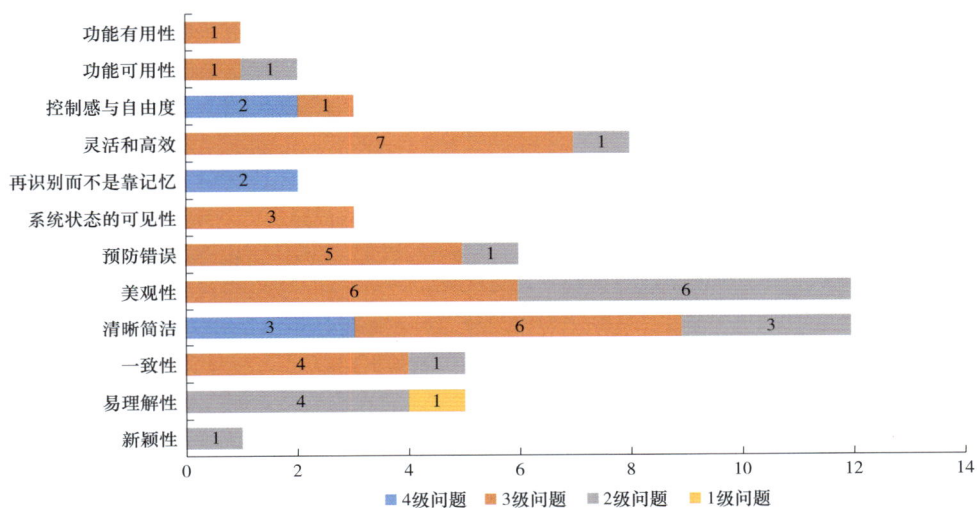

图 7-17　专家测评问题指标和严重性等级分布统计示例

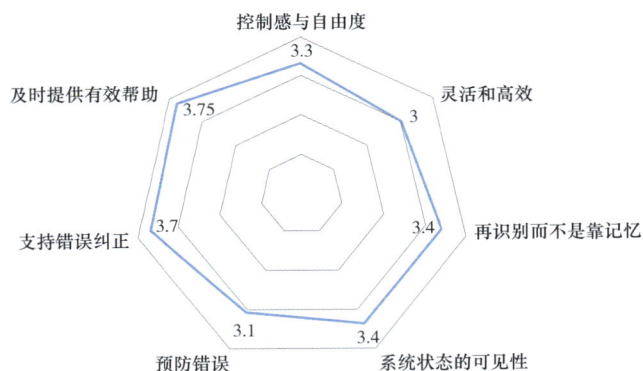

图 7-18　专家测评得分（以操作体验维度为例）示例

2. 用户问卷调查

　　设计用户体验测评问卷内容时，把功能体验、操作体验、视觉体验、用户忠诚度维度的各项测评指标转换成一系列用户容易理解的陈述，如表 7-4 所示。陈述分为正向陈述和负向陈述两类：正向陈述是描述产品优点的陈述，例如"我认为 App 界面看起来很美观"；负向陈述是描述产品缺点的陈述，例如"我在操作 App 时容易出错"。采用李克特量表法设置选项，让用户对每条陈述在"非常同意""同意""一般 / 不确定""不同意""非常不同意"中选择自己的态度。

收集问卷结果后，统计用户选择每个选项的比例。正向陈述描述产品的非常同意、同意、一般 / 不确定、不同意、非常不同意选项分别对应 4、3、2、1、0 分，负向陈述的非常同意、同意、一般 / 不确定、不同意、非常不同意选项分别对应 0、1、2、3、4 分。根据每条陈述对应的指标、用户选择每个选项的比例以及每个选项对应的分值，计算得出每项测评指标的问卷得分。

表 7-4　　　　　　　　　用户体验测评指标对应问卷陈述 / 问题

维度	指标名称	问卷陈述 / 问题
功能体验	功能有用性	App 的功能是我需要的
	功能完整性	我觉得 App 的功能不够丰富
	功能架构合理性	我容易找到自己需要的功能和内容
	功能可用性	App 会出现闪退、崩溃、响应时间长等不好用的状况
操作体验	控制感与自由度	在使用 App 时，我能够按照自己的意愿和使用习惯进行设置和操作
	灵活和高效	App 用起来比较麻烦，不够简单高效
	再识别而不是靠记忆	我在使用中经常会卡壳，不能流畅自然地操作
	系统状态可见性	App 能及时提示，让我对自己的操作有把握
	预防错误	我在使用 App 时容易出现错误操作
	支持错误纠正	当我操作出现错误时，我不知道该怎么纠正
	及时提供有效帮助	当我需要帮助时，我能很快找到帮助信息，也容易看懂帮助信息
视觉体验	美观性	App 看起来美观，让我觉得舒适愉快
	清晰简洁	App 的布局清晰，重点突出，容易浏览
	一致性	App 中有不一致的地方，让我感到疑惑或不舒服
	易理解性	App 的图标和内容都容易理解
	新颖性	App 看起来不新颖，没什么亮点
用户忠诚度	满意度	您对 App 的总体满意度是
	推荐度	您是否愿意把 App 推荐给家人和朋友
	使用意愿	您是否愿意继续使用 App

3. 功能卡片测试

功能卡片测试是一种测试 App 中的功能名称是否易于用户理解、功能分类是否符合用户思维习惯的体验测评方法，用于评估用户在使用 App 时能否方便快捷地查找到自己需要的功能和内容。测试时，根据 App 面向用户的功能名称和分类设计，把各项服务功能制作成卡片，把功能分类制作成盒子，让用户按照自己的理解把每个功能卡片放到自己认为正确的分类盒子中。

在用户操作过程中，详细观察记录用户发生停顿、犹豫的服务功能，并在用户完成分类后对用户进行访谈，了解用户在分类时的思路、对每项服务功能的理解以及遇到的困难和问题。

通过统计对比用户分类结果与 App 产品设计的差异，结合访谈内容和用户操作过程中的行为分析，评估用户在实际使用 App 时是否容易理解和查找各项服务功能，挖掘 App 功能名称和功能分类设计存在的问题。功能卡片测试结果统计示例如图 7-19 所示。

类别	服务功能名称	差异率	交费	交费	办电	查询	能效服务	电动车	新能源	客户服务	特色服务	我的	未分类
交费	电e宝	81.25%	0.00%	0.00%		6.25%		6.25%	6.25%	6.25%	/	18.75%	6.25% 5/
	签约代扣	68.75%	31.25%	31.25%	31.25%	6.25%	12.50%	/	/	/	/	12.50%	6.25%
	智能交费签约	56.25%	43.75%	43.75%	18.75%		6.25%	/	/	25.00%		6.25%	
	充值卡	37.50%	37.50%	37.50%	6.25%	12.50%	/		6.25%	12.50%		25.00%	
	交费盈	37.50%	50.00%	50.00%	/	/	/	/	/	/		12.50%	37.50%
	电费红包	25.00%	50.00%	50.00%		6.25%				12.50%	25.00%	6.25%	
	交电费	12.50%	87.50%	87.50%	6.25%	6.25%							
	交业务费	12.50%	87.50%	87.50%	6.25%	6.25%							

类别	服务功能名称	差异率	办电	交费	办电	查询	能效服务	电动车	新能源	客户服务	特色服务	我的	未分类
办电	充电桩报装	93.75%	6.25%	/	6.25%			56.25%	18.75%	6.25%	6.25%	/	6.25%
	增值税变更	87.50%	12.50%	18.75%	12.50%	6.25%				43.75%	6.25%		12.50%
	暂停/减容	77.78%	22.22%		22.22%	11.11%	11.11%			11.11%		22.22%	12.50%
	电能表校验	75.00%	25.00%		25.00%	12.50%	18.75%			25.00%	6.25%		12.50%
	增容	68.75%	31.25%		31.25%	6.25%	6.25%	6.25%	6.25%		12.50%	12.50%	18.75%
	过户/更名	68.75%	31.25%		31.25%	6.25%				18.75%		43.75%	
	容量/需量变更	66.67%	33.33%		33.33%	11.11%	22.22%			11.11%	11.11%	11.11%	
	需量值变更	66.67%	33.33%	11.11%	33.33%	11.11%				11.11%	11.11%	11.11%	22.22%
	新装	56.25%	43.75%		43.75%	6.25%	6.25%		6.25%	18.75%			18.75%
	峰谷电变更	56.25%	43.75%	6.25%	43.75%	12.50%				12.50%		18.75%	6.25%
	容量恢复	55.56%	44.44%		44.44%	11.11%	22.22%			11.11%			11.11%
	新户通电	50.00%	50.00%	/	50.00%	6.25%	6.25%			25.00%		6.25%	6.25%

图 7-19　功能卡片测试结果统计示例

4. 功能可用性测试

功能可用性测试是一种评估产品功能设计是否易于用户理解和使用的体验测评方法。测试时，给用户描述实际的使用场景，让用户在 App 中操作指定功能、完成指定任务，并详细观察记录用户操作卡顿或出错的地方，从而分析 App 交互和界面设计中影响用户可用性的问题。

选取测试任务时，用户需求度高的重点功能优先考虑，在业务类型或操作路径相似的功能中选择最具代表性 2~3 个。确定测试任务后，根据测试功能之间的关联关系和用户使用 App 的实际场景，把有相关性的测试任务串联为一个测试场景。测试时，通过真实可行的任务场景描述，帮助用户更清晰地理解测试任务和操作目标，鼓励用户采取行动。

以掌上电力 2019 版功能可用性测试的任务设置为例：初次使用 App 作为一个场景，包括注册—实名认证—户号绑定等服务场景组成的任务线；办理业务作为一个场景，包括办理业务—查看服务记录—评价或催办等服务场景组成的任务线。在每个任务场景中，各个服务场景在逻辑上是连贯的，且顺序符合用户的实际使用情况。

用户进行任务操作过程中，观察记录用户操作出错或发生较长时间停顿和犹豫的地方，并在用户完成所有操作任务后进行访谈，了解用户操作过程中对 App 交互和界面设计的体验感受、操作任务时遇到的问题和困难等。对用户行为和访谈中获取的信息进行汇总分析，总结影响用户流畅使用功能的具体问题。

5. 用户体验地图

用户体验地图是在用户使用一款产品或服务的过程中，通过画一张图，用一种讲故事的方式记录用户与产品或服务接触和互动的体验，包括行为、感受、思考和想法等，从用户目标、行为触点、用户疑问、满意点、痛点、情绪曲线、机会点七大要素对用户体验进行分析测评。

用户体验地图不仅可用于 App 等线上产品，也可用于线下服务场景。首先根据用户的操作路径（线上产品）或行为路径（线下服务），绘制用户旅程地图。例如针对用户在线下营业厅办理业务的服务体验进行测评分析时，根据用户在营业厅中的行为路径绘制的用户旅程地图如图 7-20 所示。

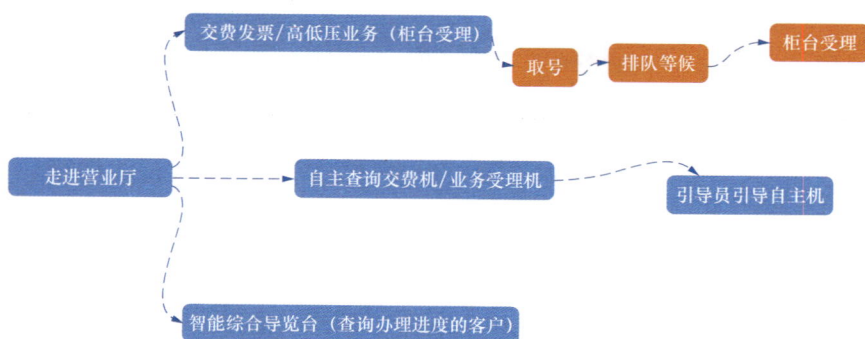

图 7-20　线下营业厅用户旅程地图

然后通过观察用户情绪和行为、用户访谈等方式，了解用户在用户旅程每个阶段任务中的情绪变化，绘制情绪曲线。例如图 7-21 为电力营业厅推广"掌上电力"App 时，采用普通推广方式和引流推广方式，分别得到的用户情绪曲线图。通过对比可以发现，引流推广方式避免了用户情绪的最低点，使用户总体上保持愉悦的情绪，具有更高的推广成功率。

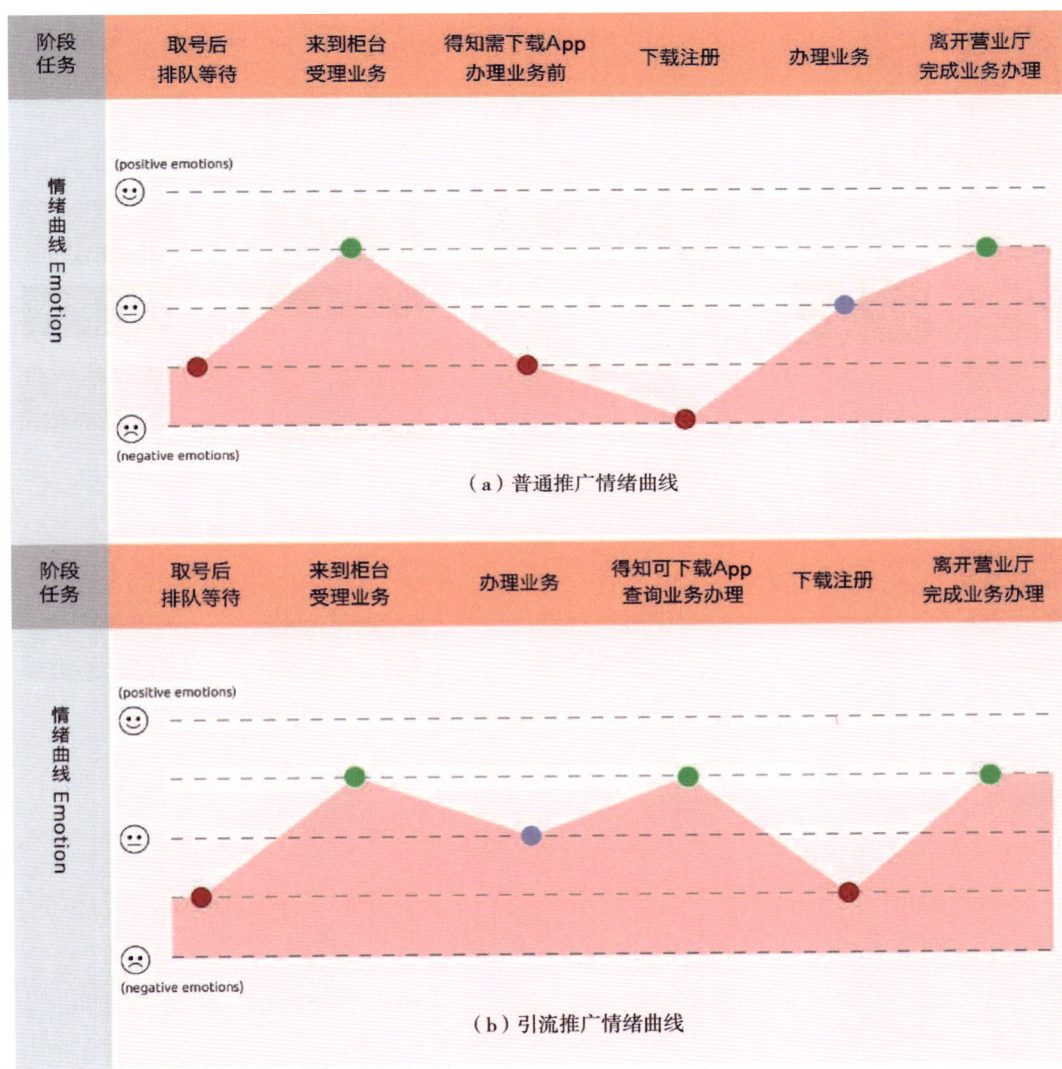

图 7-21 "掌上电力"App 营业厅推广用户情绪曲线对比图

最后，确定用户在每个阶段任务中的行为目标、行为触点，结合情绪曲线，分析影响用户情绪的因素、用户可能产生的疑问、用户的满意点和痛点，从而挖掘可以进一步改进和优化用户体验的机会点。例如图 7-22、图 7-23 为掌上电力 3.0 版本中，用户交费和用电申请两项功能的用户体验地图测评结果。根据 App 中的用户操作路径拆分阶段任务后，绘制用户的情绪曲线，并分析总结用户行为目标、行

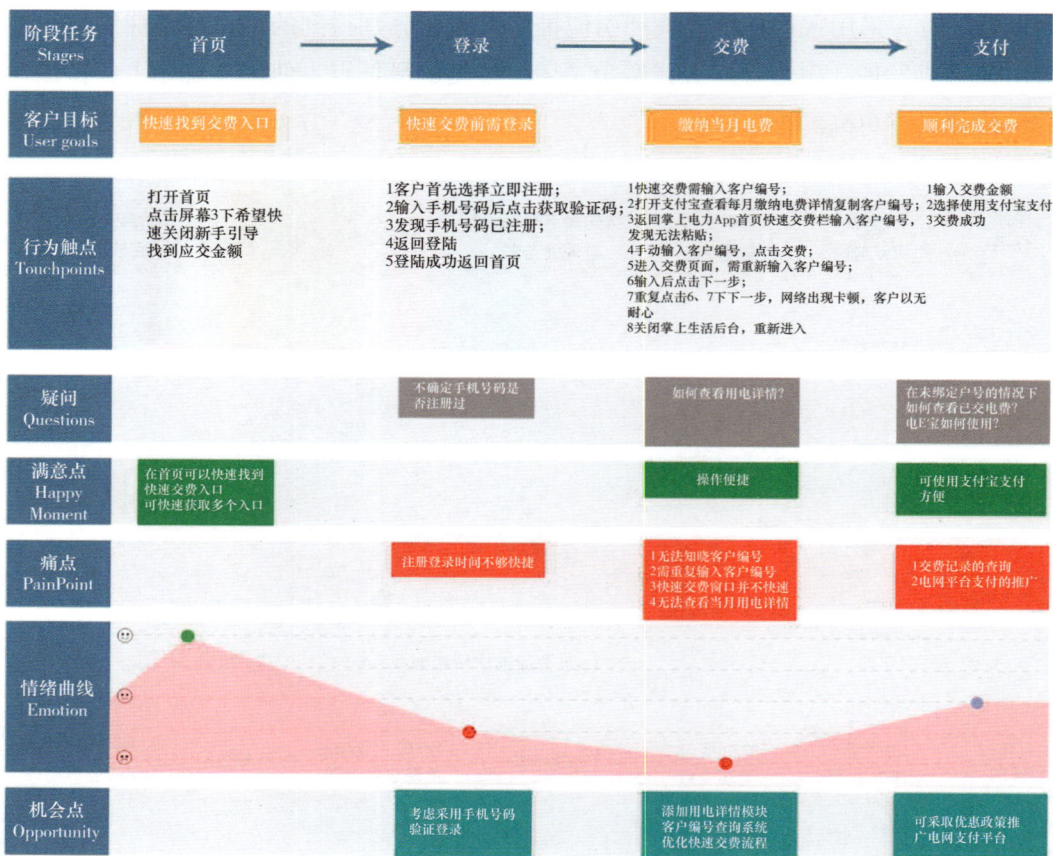

图 7-22 掌上电力 3.0 交费功能用户体验地图

为触点、满意点、痛点、机会点等。

6. 其他测评方法

除前面介绍的专家测评、问卷调查等方法外，用户体验分析和测评的方法还有很多，例如用户画像、A/B 测试、焦点小组访谈等。

（1）用户画像：即用户信息标签化，通过大数据收集分析用户的社会属性、生活习惯、消费行为等主要信息后，抽象出一个具有代表性的用户形象，针对性地分析这类用户群体的目标需求、思维习惯、行为方式等。

（2）A/B 测试：为产品界面或流程制作两个或多个版本，在相同条件下，分别由两组成分相同或相似的用户进行访问和操作，收集各群组的用户体验测评数据，从而分析评估出更好的版本正式采用。

（3）焦点小组访谈：邀请若干名用户，在主持人的引导和组织下，针对某一特定话题面对面进行讨论。与一对一的用户访谈相比，焦点小组访谈的形式模拟了实际社交中多数群体对少数群体、强势者对弱势者的意见影响，能够更加真实地揭示

阶段任务 Stages	下载App	首页	注册/登录	绑定	用电申请	提交申请
客户目标 User goals	便捷使用掌上电力完成业务办理	获取新手引导操作提示 快速找到注册入口 找到所需业务快捷入口	快捷高效完成注册登录	绑定户号完成业务办理	快捷简便完成申请业务	顺利完成申请
行为触点 Touchpoints	在柜台营业员引导下完成App下载，途中重复两遍"还没下载好啊" 1希望用询办理业务 2引导用户下载App 3用户下载 4打开App 取号后在等待区自行下载掌上电力	由柜台营业员指导操作，营业员在选择地区时滑动了2-3屏页面才找到所在的地区 快速浏览首页首页，找到登录注册入口 1进入首页 2找到首页 3点击进入	1客户在注册-用户名的设置上操作了20秒；2操作每一步骤都希望得到柜台营业员的提示；1填写用户名、手机号码；2点击获取验证码；3客户点击验证码输入框，错误点击另下栏登录密码时，客户依然连续点击下提交验证；5 iPhone X 手机适配无法显示"先看看"控件，客户疑惑注册完成后的操作 1手机号码；2点击获取验证码；3填写各项信息后再次返回输入用户名 4思考之余营业员提示客户输入为a+手机号码的组合用户名 5填写完成后成功提交	通过柜台营业员关联系统设置后，快捷绑定户号 营业员与客户沟通时，打开支付宝查询 点击服务，未找到卡片功能 1不知道自己客户编号，于是查询柜台；2营业员告知客户编号后自动绑定户号 1点击用电进入；2点击电费方；3退出电魔方；4找到首页；5找到绑定户号	1完成绑定后客户无法找到办理业务入口，在受理员的引导下开始办理业务；1完成绑定后客户无法从业务入口找到峰谷电变更业务 2在受理员的引导下开始办理业务	1在受理员的引导下上传身份证正反面；2因为没有携带房产证因此签署承诺书完成操作；3点击提交；4完成办理 得知操作步骤后回家询问电工增容额度
疑问 Questions	掌上电力App能解决我的业务吗？	是否浏览先登录？	1注册完成后为什么还要再次登录？2用户名这个的疑问？在填写用户名的设上提示："6-20位字母或字母数字组合"，客户表现出迷茫	1营门查询密码的如何读取 2我要后是否还有手机身份业务？	1该户业务的入口为何要icon? 2绑定完成后该去哪？	1如何获取缴业务办理进度？
满意点 Happy Moment	网上快捷办理对手机完成业务操作的期待	是否需要先登录？基本操作没有困难 快速找到我的	无	受理员告知客户编号查询后操作快捷 绑定后可以在家操作基础业务方便	1无携带房产证可现场签实承诺书不用再跑一趟实体大厅 2客户无法办理相关业务手机办理时用携带营业厅	1受理员告知可在App查看办理进度，表示便捷 2客户告知App操作信息提交后三天后可完成办理
痛点 PainPoint	1希望获取更快的下载安装进度 2希望不用等待存自助办理业务	1进入院门口进入入口不是很明确 2进入需完成注册或登录后的页面无从操作，控件提示不明显 3含完全查看全部新内容	1用户名格式过程繁琐 2用户名的选择上需复复输入长达20秒 与注册完成后的页面无从操作，提示不明显 4输入信息后过程重繁，可简化	1只能通过营业系统设置才可绑定相关内容多 2绑定户号及密码 3绑定过程需受理员推迟	1找不到该户业务办理入口 2找不到绑定电变更业务入口	1多业务办理进度混乱 2得知操作步骤后询问房产信息方可办理业务 3提交申请如何通过以何种引导通过
情绪曲线 Emotion						
机会点 Opportunity	客户更倾向于引导员的帮助，可注入挂队等候区的引导推广下载	1可突出首页右下角登录icon的注册功能 2考虑新用户进入掌上电力后先完成注册流程	客户均为实名用户，是否将用户名一栏更改为真实姓名，或者删除注册阶段的用户名信息栏，提高注册效率	考虑是否手机端核实客户编号与身份验证信息，核实后即时绑定，以提高客户绑定户号的成功率	1考虑首页添加常用用电申请业务 2将掌上电力信息架构重上重新分类高频服务	1避免用电申请业务表单信息的重复提交 2考虑App推送、短信通知，或进度查询时更新业务办理的完成进度

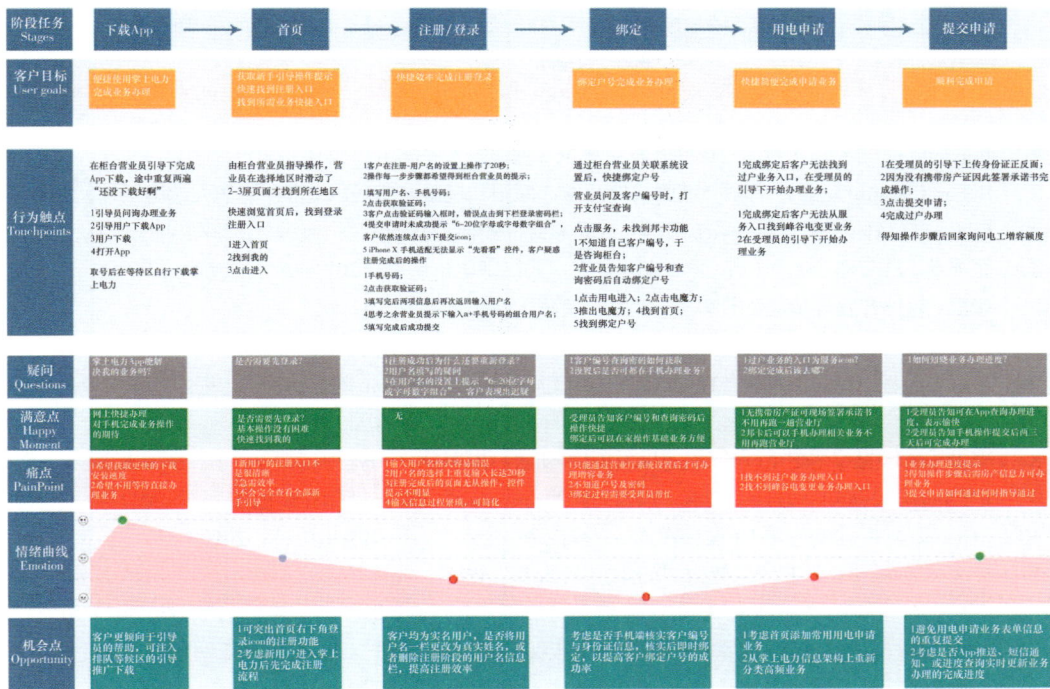

图 7-23　掌上电力 3.0 用电申请功能用户体验地图

某一问题或现象所引起的群体反应。

在用户体验测评工作开展的过程中，应根据测评的目标、测评的实施条件等因素，综合考虑，选取适合的测评方法。

参 考 文 献

［1］ Ron jeffries（美），王凌云 . 软件开发本质论 . 北京：人民邮电出版社，2017.

［2］ Robert C.Martin（美），邓辉 . 敏捷软件开发：原则、模式与实践 . 北京：清华大学出版社，2003.

［3］ Edward.Crawley（美）等 . 系统架构：复杂系统的产品设计与开发 . 北京：机械工业出版社，2016.

［4］ 张海藩，吕云翔 . 软件工程 . 第 4 版 . 北京：人民邮电出版社，2013.

［5］ 张凯 . 软件开发环境与工具教程 . 北京：清华大学出版社，2011.

［6］ 张海藩，牟永敏 . 软件工程导论 . 第 6 版 . 北京：清华大学出版社，2013.

［7］ Alan Cooper. About Face 3：The Essentials of User Interface Design. 刘松涛译 . 北京：电子工业出版社，2005.

［8］ 李世国，顾振宇 . 交互设计 . 北京：中国水利水电出版社，2012.

［9］ Jeff Johnson . 认知与设计：理解 UI 设计准则 . 张一宁译 . 北京：人民邮电出版社，2011.

［10］ Theresa Neil. 移动应用 UI 设计模式 . 王军锋译 . 北京：人民邮电出版社，2013.

［11］ Louis Rosenfeld. Web 信息架构 . 陈建勋译 . 北京：电子工业出版社，2008.

［12］ 琳达·哥乔斯 . 产品经理手册 . 祝亚雄，冯华丽，金骆彬 . 北京：机械工业出版社出版，2017.

［13］ 尹燕杰 . 产品五部曲 . 北京：机械工业出版社出版，2017.

［14］ 网易杭研项目管理部 . 网易一千零一夜：互联网产品项目管理实战 . 北京：电子工业出版社，2016.

［15］ 刘显铭 . 互联网产品修炼手册 . 北京：机械工业出版社，2017.